特种作业人员安全技术考核培训教材

物料提升机工

主编　王东升　邵　良

中国建筑工业出版社

图书在版编目(CIP)数据

物料提升机工/王东升，邵良主编. —北京：中国建筑工业出版社，2020.2
特种作业人员安全技术考核培训教材
ISBN 978-7-112-24587-1

Ⅰ.①物… Ⅱ.①王…②邵… Ⅲ.①建筑材料-提升车-安全培训-教材 Ⅳ.①TH241.08

中国版本图书馆CIP数据核字(2020)第010966号

责任编辑：李 杰
责任校对：赵 菲

特种作业人员安全技术考核培训教材
物料提升机工
主编 王东升 邵 良
*
中国建筑工业出版社出版、发行（北京海淀三里河路9号）
各地新华书店、建筑书店经销
北京红光制版公司制版
天津安泰印刷有限公司印刷
*
开本：787×1092毫米 1/16 印张：7¾ 字数：161千字
2020年5月第一版 2020年5月第一次印刷
定价：**45.00**元
ISBN 978-7-112-24587-1
(35299)

特种作业人员安全技术考核培训教材编审委员会
审定委员会

编写委员会

本书编委会

主　　编　王东升　邵　良

副 主 编　冀翠莲　祖美燕　王志超

参编人员　吴晓军　徐志庆　宋　超　江　南　郭　倩

出版说明

随着我国经济快速发展、科学技术不断进步，建设工程的市场需求发生了巨大变换，对安全生产提出了更多、更新、更高的挑战。近年来，为保证建设工程的安全生产，国家不断加大法规建设力度，新颁布和修订了一系列建筑施工特种作业相关法律法规和技术标准。为使建筑施工特种作业人员安全技术考核工作与现行法律法规和技术标准进行有机地接轨，依据《中华人民共和国安全生产法》《建设工程安全生产管理条例》《安全生产许可证条例》《建筑起重机械安全监督管理规定》《建筑施工特种作业人员管理规定》《危险性较大的分部分项工程安全管理规定》及其他相关法规的要求，我们组织编写了这套"特种作业人员安全技术考核培训教材"。

本套教材由《特种作业安全生产基本知识》《建筑电工》《普通脚手架架子工》《附着式升降脚手架架子工》《建筑起重司索信号工》《塔式起重机工》《施工升降机工》《物料提升机工》《高处作业吊篮安装拆卸工》《建筑焊接与切割工》共10册组成，其中《特种作业安全生产基本知识》为通用教材，其他分别适用于建筑电工、建筑架子工、起重司索信号工、起重机械司机、起重机械安装拆卸工、高处作业吊篮安装拆卸工和建筑焊接切割工等特种作业工种的培训。在编纂过程中，我们依据《建筑施工特种作业人员培训教材编写大纲》，参考《工程质量安全手册（试行）》，坚持以人为本与可持续发展的原则，突出系统性、针对性、实践性和前瞻性，体现建筑施工特种作业的新常态、新法规、新技术、新工艺等内容。每册书附有测试题库可供作业人员通过自我测评不断提升理论知识水平，比较系统、便捷地掌握安全生产知识和技术。本套教材既可作为建筑施工特种作业人员安全技术考核培训用书，也可作为建设单位、施工单位和建设类大中专院校的教学及参考用书。

本套教材的编写得到了住房和城乡建设部、山东省住房和城乡建设厅、清华大学、中国海洋大学、山东建筑大学、山东理工大学、青岛理工大学、山东城市建设职业学院、青岛华海理工专修学院、烟台城乡建设学校、山东省建筑科学研究院、山东省建设发展研究院、山东省建筑标准服务中心、潍坊市市政工程和建筑业发展服务中心、德州市建设工程质量安全保障中心、山东省建设机械协会、山东省建筑安全与设备管理协会、潍坊市建设工程质量安全协会、青岛市工程建设监理有限责任公司、潍坊昌大建设集团有限公司、威海建设集团股份有限公司、山东中英国际建筑工程技术有限公司、山东中英国际工程图书有限公司、清大鲁班（北京）国际信息技术有限公司、中国建筑工业出版社等单位的大力支持，在此表示衷心的感谢。本套教材虽经反复推敲核证，仍难免有不妥甚至疏漏之处，恳请广大读者提出宝贵意见。

编审委员会

2020 年 04 月

前　言

本书适用于建筑起重机械司机（物料提升机）和建筑起重机械安装拆卸工（物料提升机）两个工种的安全技术考核培训。内容的编写主要依据《建筑施工特种作业人员培训教材编写大纲》，同时也参考了住房和城乡建设部印发的《工程质量安全手册（试行）》。本书认真研究了物料提升机司机和安拆工的岗位责任、知识结构，重点突出物料提升机司机和安拆工的操作技能要求。

本书主要内容包括物料提升机的构造与工作原理、物料提升机的安装与拆卸、物料提升机的管理与维护保养、物料提升机的安全使用和安全操作、物料提升机常见事故隐患与预防措施、物料提升机事故案例等方面，对于强化物料提升机作业人员的安全生产意识、增强安全生产责任、提高施工现场安全技术水平具体指导作用。

本书编写过程中，广泛征求了建设行业主管部门、高等院校和企业等有关专家的意见，同时参考了大量的教材、专著和相关资料，并经过多次研讨和修改完成。中国海洋大学、山东城市建设职业学院、山东省建设机械协会、德州市建设工程质量安全保障中心、山东中英国际工程图书有限公司等单位对本书的编写工作给予了大力支持；在此谨向有关作者和支持单位致以衷心感谢！

限于编者的水平和经验，书中难免还有疏漏和错误，诚挚希望读者提出宝贵意见，以便完善。

编　者

2020年04月

目　录

1 起 重 吊 装

1 起重吊装

1.1 钢丝绳

钢丝绳是起重作业中必备的重要辅助性部件，广泛用于起重机作业中的起升、牵引、缆风和捆绑物体等场合。钢丝绳通常由多根钢丝捻成绳股，再由多股绳股围绕绳芯捻制而成绳，具有强度高、自重轻、弹性大、挠性好等特点，能承受振动荷载的冲击，也能在高速下平稳运动且噪声小。

1.1.1 钢丝绳的分类和标记

1. 分类

钢丝绳的种类较多，施工现场起重作业一般使用圆股钢丝绳。按《重要用途钢丝绳》GB 8918—2006 标准，钢丝绳分类如下：

(1) 按绳和股的断面、股数和股外层钢丝绳的数目分类，见表 1-1。

钢丝绳分类 **表 1-1**

组别	类别		分类原则	典型结构		直径范围
				钢丝绳	股绳	mm
1	圆股钢丝绳	6×7	6个圆股，每股外层丝可到7根，中心丝（或无）外捻制1～2层钢丝，钢丝等捻距	6×7	(1+6)	8～36
				6×9W	(3+3/3)	14～36
2		6×19	6个圆股，每股外层丝8～12根，中心丝外捻制2～3层钢丝，钢丝等捻距	6×19S	(1+9+9)	12～36
				6×19W	(1+6+6/6)	12～40
				6×25Fi	(1+6+6F+12)	12～44
				6×26WS	(1+5+5/5+10)	20～40
				6×31WS	(1+6+6/6+12)	22～46
3		6×37	6个圆股，每股外层丝14～18根，中心丝外捻制3～4层钢丝，钢丝等捻距	6×29Fi	(1+7+7F+14)	14～44
				6×36WS	(1+7+7/7+14)	18～60
				6×37S（点线接触）	(1+6+15+15)	20～60
				6×41WS	(1+8+8/8+16)	32～56
				6×49SWS	(1+8+8+8/8+16)	36～60
				6×55SWS	(1+9+9+9/9+18)	36～64

续表

组别	类别		分类原则	典型结构		直径范围
				钢丝绳	股绳	mm
4	圆股钢丝绳	8×19	8个圆股，每股外层丝8～12根，中心丝外捻制2～3层钢丝，钢丝等捻距	8×19S 8×19W 8×25Fi 8×26WS 8×31WS	(1+9+9) (1+6+6/6) (1+6+6F+12) (1+5+5/5+10) (1+6+6/6+12)	20～44 18～48 16～52 24～48 26～56
5	圆股钢丝绳	8×37	8个圆股，每股外层丝14～18根，中心丝外捻制3～4层钢丝，钢丝等捻距	8×36WS 8×41WS 8×49SWS 8×55SWS	(1+7+7/7+14) (1+8+8/8+16) (1+8+8+8/8+16) (1+9+9+9/9+18)	22～60 40～56 44～64 44～64
6	圆股钢丝绳	18×7	钢丝绳中有17或18个圆股，每股外层丝4～7根，在纤维芯或钢芯外捻制2层股	17×7 18×7	(1+6) (1+6)	12～60 12～60
7	圆股钢丝绳	18×19	钢丝绳中有17或18个圆股，每股外层丝8～12根，钢丝等捻距，在纤维芯或钢芯外捻制2层股	18×19W 18×19S	(1+6+6/6) (1+9+9)	24～60 28～60
8	圆股钢丝绳	34×7	钢丝绳中有34～36个圆股，每股外层丝可到7根，在纤维芯或钢芯外捻制3层股	34×7 36×7	(1+6) (1+6)	16～60 20～60
9	圆股钢丝绳	35W×7	钢丝绳中有24～40个圆股，每股外层丝4～8根，在纤维芯或钢芯（钢丝）外捻制3层股	35W×7 24W×7	(1+6)	16～60
10	异形股钢丝绳	6V×7	6个三角形股，每股外层丝7～9根，三角形股芯外捻制1层钢丝	6V×18 6V×19	(/3×2+3/+9) (/1×7+3/+9)	20～36 20～36
11	异形股钢丝绳	6V×19	6个三角形股，每股外层丝10～14根，三角形股芯或纤维芯外捻制2层钢丝	6V×21 6V×24 6V×30 6V×34	(FC+9+12) (FC+12+12) (6+12+12) (/1×7+3/+12+12)	18～36 18～36 20～38 28～44
12	异形股钢丝绳	6V×37	6个三角形股，每股外层丝15～18根，三角形股芯外捻制2层钢丝	6V×37 6V×37S 6V×43	(/1×7+3/+12+15) (/1×7+3/+12+15) (/1×7+3/+15+18)	32～52 32～52 38～58

续表

<table>
<tr><th rowspan="2">组别</th><th colspan="2" rowspan="2">类别</th><th rowspan="2">分类原则</th><th colspan="2">典型结构</th><th>直径范围</th></tr>
<tr><th>钢丝绳</th><th>股绳</th><th>mm</th></tr>
<tr><td>13</td><td rowspan="2">异形股钢丝绳</td><td>4V×39</td><td>4 个扇形股，每股外层丝 15～18 根，纤维股芯外捻制 3 层钢丝</td><td>4V×39S
4V×48S</td><td>(FC+9+15+15)
(FC+12+18+18)</td><td>16～36
20～40</td></tr>
<tr><td>14</td><td>6Q×19+6V×21</td><td>钢丝绳中有 12～14 个股，在 6 个三角形股外，捻制 6～8 个椭圆股</td><td>6Q×19+6V×21
6Q×33+6V×21</td><td>外股 (5+14)
内股 (FC+9+12)
外股 (5+13+15)
内股 (FC+9+12)</td><td>40～52
40～60</td></tr>
</table>

注：1. 11 组中异形股钢丝绳中 6V×21、6V×24 结构仅为纤维绳芯，其余组别的钢丝绳，可由需方指定纤维芯或钢芯。

2. 三角形股芯的结构可以相互代替，或改用其他结构的三角形股芯，但应在订货合同中注明。

施工现场常见钢丝绳的断面如图 1-1、图 1-2 所示。

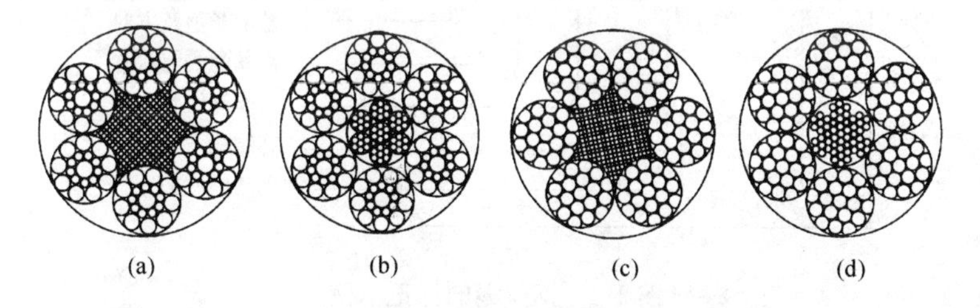

图 1-1 6×19 钢丝绳断面图

(a) 6×19S+FC；(b) 6×19S+IWR；(c) 6×19W+FC；(d) 6×19W+IWR

(2) 钢丝绳按捻法，分为右交互捻 (ZS)、左交互捻 (SZ)、右同向捻 (ZZ) 和左同向捻 (SS) 四种，如图 1-3 所示。

(3) 钢丝绳按绳芯不同，分为纤维芯和钢芯。纤维芯钢丝绳比较柔软，易弯曲，纤维芯可浸油作润滑、防锈，减少钢丝间的摩擦；金属芯的钢丝绳耐高温、耐重压，硬度大、不易弯曲。

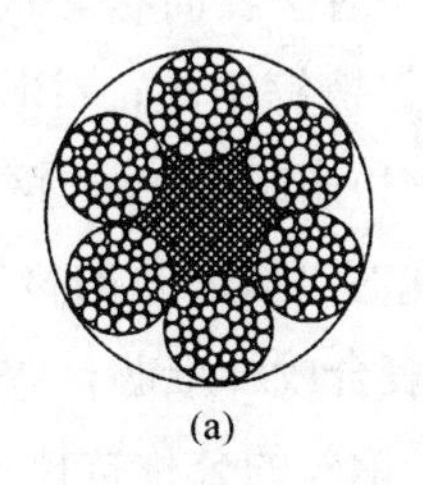

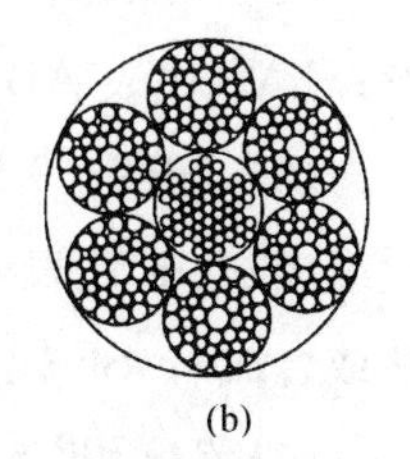

图 1-2 6×37S 钢丝绳断面图

(a) 6×37S+FC；(b) 6×37S+IWR

2. 标记

根据《钢丝绳术语、标记和分类》GB/T 8706—2017，钢丝绳的标记格式如图 1-4 所示。

钢丝绳的型号及性能指标，可通过钢丝绳的标记来了解，其主要由尺寸、钢丝绳结构、芯结构、钢丝绳级别、钢丝表面状态和捻制类型及方向组成。

18NAT6(9+9+1)+NF1770 ZZ 190 117 GB 1102 全称标记方法举例注解：

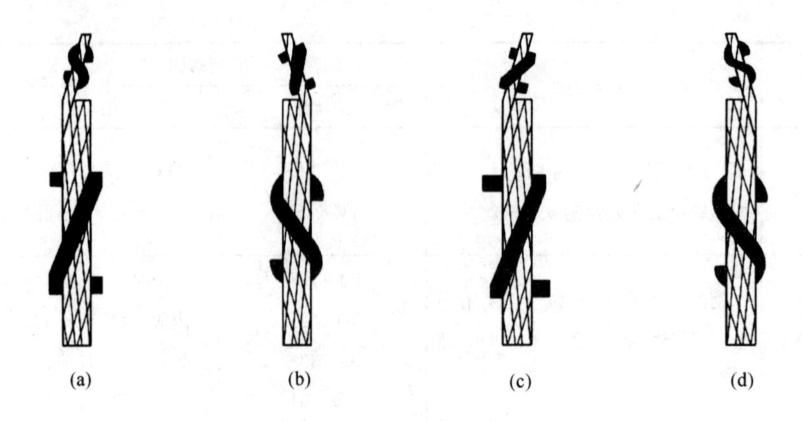

图 1-3　钢丝绳按捻法分类

（a）右交互捻；（b）左交互捻；（c）右同向捻；（d）左同向捻

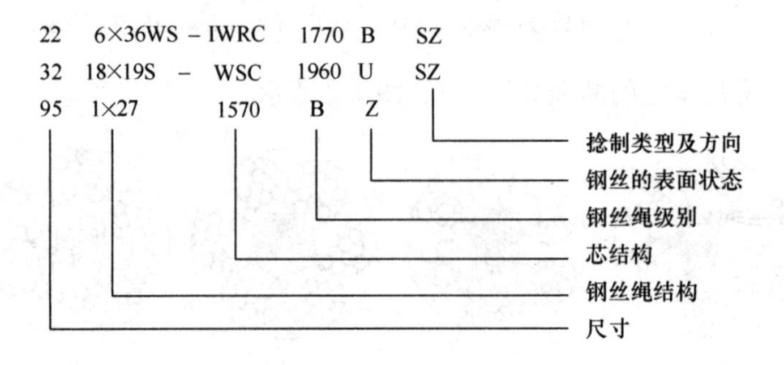

图 1-4　钢丝绳的标记示例

（1）“18”—钢丝绳的公称直径为 18mm。

（2）“NAT”—钢丝表面状态代号，NAT 代表光面钢丝；ZAA 代表 A 级镀锌钢丝；ZAB 代表 AB 级镀锌钢丝；ZBB 代表 B 级镀锌钢丝。

（3）“6(9＋9＋1)＋NF”——钢丝绳的结构形式为 6 股，每股由 9＋9＋1＝19 根钢丝组成，NF 代表绳芯（股芯）的材质代号，NF 代表天然纤维芯；FC 代表纤维芯（天然或合成）；SF 代表合成纤维芯；IWR 代表金属丝绳芯等。

（4）“1770”—钢丝的公称抗拉强度为 1770MP（177kg/mm³），抗拉强度等级还有 1470MP、1570MP、1670MP、1870MP。

（5）“ZZ”—钢丝绳的捻向，其中：ZS 代表右交互捻；SZ 代表左交互捻；ZZ 代表右同向捻；SS 代表左同向捻。

（6）“190”—钢丝绳的最小破断拉力，单位：kN。

（7）“117”—钢丝绳单位长度质量（kg/100m）。

（8）“GB”—国标（汉语拼音缩写）。

（9）“1102”—标准代号。

1.1.2 钢丝绳的计算与选用

1. 钢丝绳计算

在施工现场起重作业中，通常会有两种情况，一是已知重物重量选用钢丝绳，二是利用现场钢丝绳起吊一定重量的重物。在允许的拉力范围内使用钢丝绳，是确保钢丝绳使用安全的重要原则。因此，根据现场情况计算钢丝绳的受力，对于选用合适的钢丝绳显得尤为重要。钢丝绳的允许拉力与其最小破断拉力、工作环境下的安全系数相关联。

（1）钢丝绳的最小破断拉力

钢丝绳的最小破断拉力与钢丝绳的直径、结构（几股几丝及芯材）及钢丝的强度有关，是钢丝绳最重要的力学性能参数，其计算公式如下

$$F_0 = \frac{K' \cdot D^2 \cdot R_0}{1000} \tag{1-1}$$

式中 F_0——钢丝绳最小破断拉力，kN；

D——钢丝绳公称直径，mm；

R_0——钢丝绳公称抗拉强度，MPa；

K'——指定结构钢丝绳最小破断拉力系数。

可以通过查询钢丝绳质量证明书或力学性能表，得到该钢丝绳的最小破断拉力。建筑施工现场常用的6×19、6×37两种钢丝绳的力学性能见表1-2、表1-3。

6×19 系列钢丝绳力学性能表 **表 1-2**

钢丝绳公称直径 D (mm)	钢丝绳近似重量 (kg/100m)			钢丝绳公称抗拉强度（MPa）									
				1570		1670		1770		1870		1960	
				钢丝绳最小破断拉力（kN）									
	天然纤维芯钢丝绳	合成纤维芯钢丝绳	钢芯钢丝绳	纤维芯钢丝绳	钢芯钢丝绳	纤维芯钢丝绳	钢芯钢丝绳	纤维芯钢丝绳	钢芯钢丝绳	纤维芯钢丝绳	钢芯钢丝绳	纤维芯钢丝绳	钢芯钢丝绳
12	53.10	51.80	58.40	74.60	80.50	79.40	85.60	84.10	90.70	88.90	95.90	93.10	100.00
13	62.30	60.80	68.50	87.50	94.40	93.10	100.00	98.70	106.00	104.00	113.00	109.00	118.00
14	72.20	70.50	79.50	101.00	109.00	108.00	117.00	114.00	124.00	121.00	130.00	127.00	137.00
16	94.40	92.10	104.00	133.00	143.00	141.00	152.00	149.00	161.00	157.00	170.00	166.00	179.00
18	119.00	117.00	131.00	167.00	181.00	178.00	192.00	189.00	204.00	199.00	215.00	210.00	226.00
20	147.00	144.00	162.00	207.00	223.00	220.00	237.00	233.00	252.00	246.00	266.00	259.00	279.00
22	178.00	174.00	196.00	250.00	270.00	266.00	287.00	282.00	304.00	298.00	322.00	313.00	338.00
24	212.00	207.00	234.00	298.00	321.00	317.00	342.00	336.00	362.00	355.00	383.00	373.00	402.00
26	249.00	243.00	274.00	350.00	377.00	372.00	401.00	394.00	425.00	417.00	450.00	437.00	472.00

续表

钢丝绳公称直径 D (mm)	钢丝绳近似重量 (kg/100m)			钢丝绳公称抗拉强度（MPa）									
				1570		1670		1770		1870		1960	
				钢丝绳最小破断拉力（kN）									
	天然纤维芯钢丝绳	合成纤维芯钢丝绳	钢芯钢丝绳	纤维芯钢丝绳	钢芯钢丝绳	纤维芯钢丝绳	钢芯钢丝绳	纤维芯钢丝绳	钢芯钢丝绳	纤维芯钢丝绳	钢芯钢丝绳	纤维芯钢丝绳	钢芯钢丝绳
28	289.00	282.00	318.00	406.00	438.00	432.00	466.00	457.00	494.00	483.00	521.00	507.00	547.00
30	332.00	324.00	365.00	466.00	503.00	495.00	535.00	525.00	567.00	555.00	599.00	582.00	628.00
32	377.00	369.00	415.00	530.00	572.00	564.00	608.00	598.00	645.00	631.00	681.00	662.00	715.00
34	426.00	416.00	469.00	598.00	646.00	637.00	687.00	675.00	728.00	713.00	769.00	748.00	807.00
36	478.00	466.00	525.00	671.00	724.00	714.00	770.00	756.00	816.00	799.00	862.00	838.00	904.00
38	532.00	520.00	585.00	748.00	807.00	795.00	858.00	843.00	909.00	891.00	961.00	934.00	1010.00
40	590.00	576.00	649.00	828.00	894.00	881.00	951.00	934.00	1000.00	987.00	1060.00	1030.00	1120.00

注：钢丝绳公称直径（*D*）允许偏差0～5%。

6×37系列钢丝绳力学性能表 **表1-3**

钢丝绳公称直径 D (mm)	钢丝绳近似重量 (kg/100m)			钢丝绳公称抗拉强度（MPa）									
				1570		1670		1770		1870		1960	
				钢丝绳最小破断拉力（kN）									
	天然纤维芯钢丝绳	合成纤维芯钢丝绳	钢芯钢丝绳	纤维芯钢丝绳	钢芯钢丝绳	纤维芯钢丝绳	钢芯钢丝绳	纤维芯钢丝绳	钢芯钢丝绳	纤维芯钢丝绳	钢芯钢丝绳	纤维芯钢丝绳	钢芯钢丝绳
12	54.70	53.40	60.20	74.60	80.50	79.40	85.60	84.10	90.70	88.90	95.90	93.10	100.00
13	64.20	62.70	70.60	87.50	94.40	93.10	100.00	98.70	106.00	104.00	113.00	109.00	118.00
14	74.50	72.70	81.90	101.00	109.00	108.00	117.00	114.00	124.00	121.00	130.00	127.00	137.00
16	97.30	95.00	107.00	133.00	143.00	141.00	152.00	149.00	161.00	157.00	170.00	166.00	179.00
18	123.00	120.00	135.00	167.00	181.00	178.00	192.00	189.00	204.00	199.00	215.00	210.00	226.00
20	152.00	148.00	167.00	207.00	223.00	220.00	237.00	233.00	252.00	246.00	266.00	259.00	279.00
22	184.00	180.00	202.00	250.00	270.00	266.00	287.00	282.00	304.00	298.00	322.00	313.00	338.00
24	219.00	214.00	241.00	298.00	321.00	317.00	342.00	336.00	362.00	355.00	383.00	373.00	402.00
26	257.00	251.00	283.00	350.00	377.00	372.00	401.00	394.00	425.00	417.00	450.00	437.00	472.00
28	298.00	291.00	328.00	406.00	438.00	432.00	466.00	457.00	494.00	483.00	521.00	507.00	547.00
30	342.00	334.00	376.00	466.00	503.00	495.00	535.00	525.00	567.00	555.00	599.00	582.00	628.00
32	389.00	380.00	428.00	530.00	572.00	564.00	608.00	598.00	645.00	631.00	681.00	662.00	715.00
34	439.00	429.00	483.00	598.00	646.00	637.00	687.00	675.00	728.00	713.00	769.00	748.00	807.00
36	492.00	481.00	542.00	671.00	724.00	714.00	770.00	756.00	816.00	799.00	862.00	838.00	904.00

续表

钢丝绳公称直径 D (mm)	钢丝绳近似重量 (kg/100m)			钢丝绳公称抗拉强度（MPa）									
				1570		1670		1770		1870		1960	
				钢丝绳最小破断拉力（kN）									
	天然纤维芯钢丝绳	合成纤维芯钢丝绳	钢芯钢丝绳	纤维芯钢丝绳	钢芯钢丝绳	纤维芯钢丝绳	钢芯钢丝绳	纤维芯钢丝绳	钢芯钢丝绳	纤维芯钢丝绳	钢芯钢丝绳	纤维芯钢丝绳	钢芯钢丝绳
38	549.00	536.00	604.00	748.00	807.00	795.00	858.00	843.00	909.00	891.00	961.00	934.00	1010.00
40	608.00	594.00	669.00	828.00	894.00	881.00	951.00	934.00	1000.00	987.00	1060.00	1030.00	1120.00
42	670.00	654.00	737.00	913.00	985.00	972.00	1040.00	1030.00	1110.00	1080.00	1170.00	1140.00	1230.00
44	736.00	718.00	809.00	1000.00	1080.00	1060.00	1150.00	1130.00	1210.00	1190.00	1280.00	1250.00	1350.00
46	804.00	785.00	884.00	1090.00	1180.00	1160.00	1250.00	1230.00	1330.00	1300.00	1400.00	1370.00	1480.00
48	876.00	855.00	963.00	1190.00	1280.00	1260.00	1360.00	1340.00	1450.00	1420.00	1530.00	1490.00	1610.00
50	950.00	928.00	1040.00	1290.00	1390.00	1370.00	1480.00	1460.00	1570.00	1540.00	1660.00	1620.00	1740.00
52	1030.00	1000.00	1130.00	1400.00	1510.00	1490.00	1600.00	1570.00	1700.00	1660.00	1800.00	1750.00	1890.00
54	1110.00	1080.00	1220.00	1510.00	1620.00	1600.00	1730.00	1700.00	1830.00	1790.00	1940.00	1890.00	2030.00
56	1190.00	1160.00	1310.00	1620.00	1750.00	1720.00	1860.00	1830.00	1970.00	1930.00	2080.00	2030.00	2190.00
58	1280.00	1250.00	1410.00	1740.00	1880.00	1850.00	1990.00	1960.00	2110.00	2070.00	2240.00	2180.00	2350.00
60	1370.00	1340.00	1500.00	1860.00	2010.00	1980.00	2140.00	2100.00	2260.00	2220.00	2400.00	2330.00	2510.00

注：钢丝绳公称直径（D）允许偏差 0～5%。

（2）钢丝绳的安全系数

钢丝绳的安全系数是不可缺少的安全储备，绝不允许凭借这种安全储备而擅自提高钢丝绳的最大允许安全载荷，钢丝绳的安全系数见表 1-4。

钢丝绳的安全系数 **表 1-4**

用 途	安全系数	用 途	安全系数
作缆风	3.5	用于自升平台	12
用于手动起重设备	4.5	用于提升吊笼钢丝绳	8
用于机动起重设备	5～6	用于安装吊杆钢丝绳	8

（3）钢丝绳的允许拉力

允许拉力是钢丝绳实际工作中所允许的实际载荷，其与钢丝绳的最小破断拉力和安全系数关系式为

$$[F]=\frac{F_0}{K} \tag{1-2}$$

式中 $[F]$——钢丝绳允许拉力，kN；

F_0——钢丝绳最小破断拉力，kN；

K——钢丝绳的安全系数。

【例 1-1】 一规格为 6×19S+FC、公称抗拉强度为 1570MPa、直径为 16mm 的钢丝绳，试确定使用单根钢丝绳所允许提升吊笼钢丝绳的最大重量。

【解】 已知钢丝绳规格为 6×19S+FC，R_0=1570MPa，D=16mm。

查表 1-2 知，F_0=133kN。

根据题意，用作提升吊笼钢丝绳，查表 1-4 知，K=8，根据式（1-2）

$$[F]=\frac{F_0}{K}=\frac{133}{8}=16.625(\mathrm{kN})$$

即该钢丝绳作捆绑吊索所允许吊起的重物的最大重量为 16.625kN。

在起重作业中，钢丝绳所受的应力很复杂，虽然可用数学公式进行计算，但因实际使用场合下计算时间有限，且没有必要算得十分精确，因此人们常用估算法：

1）破断拉力

$$Q\approx 50D^2 \tag{1-3}$$

式中 Q——公称抗拉强度为 1570MPa 时的破断拉力，kg；

D——钢丝绳直径，mm。

2）使用拉力

$$P\approx\frac{50D^2}{K} \tag{1-4}$$

式中 P——钢丝绳近似使用拉力，kg；

D——钢丝绳直径，mm；

K——钢丝绳的安全系数。

【例 1-2】 选用一根直径为 16mm 的钢丝绳，用于安装吊杆钢丝绳，设定安全系数为 8，则它的破断力和使用拉力各为多少？

【解】 已知 D=16mm，K=8

$$Q\approx 50D^2=50\times 16^2=12800(\mathrm{kg})$$

$$P\approx\frac{50D^2}{K}=\frac{50\times 16^2}{8}=1600(\mathrm{kg})$$

即该钢丝绳的破断拉力为 12800kg，允许使用拉力为 1600kg。

2. 钢丝绳的选用

钢丝绳在工作时受到多种应力作用，如：静应力、动应力、冲击应力、弯曲应力、接触应力、挤压应力和捻制应力等，这些应力反复作用，将导致钢丝绳疲劳损坏，加上磨损、锈蚀，从而缩短钢丝绳的使用寿命。必须考虑一定的安全系数是选择钢丝绳的首要条件和基本要求，而安全系数只是按钢丝绳的最大静荷载计算的参考值之一。

选用钢丝绳时，还应考虑钢丝绳与卷筒、滑轮之间的关系，即选择正确的捻向。卷筒的旋向有左旋和右旋两种（沿固定绳头方向看），否则会造成钢丝绳产生非正常性的磨损、散股现象，缩短钢丝绳的使用寿命。严重的可能造成断股，甚至造成钢丝绳断裂的恶性事故。

(1) 安全系数

安全系数是指钢丝绳在使用中的安全保险系数，在钢丝绳受力计算和选择钢丝绳时，必须考虑到因钢丝绳受力不均、荷载惯性冲击不准确、计算方法不精确和使用作业环境较复杂等诸多不利因素，应给予钢丝绳一个储备能力。因此确定钢丝绳的受力时必须考虑一个系数，作为储备能力，这个系数就是钢丝绳的安全系数。

起重用钢丝绳必须预留足够的安全系数，主要是由以下因素确定的：

1) 钢丝绳的磨损、疲劳破坏、锈蚀、使用不恰当，尺寸误差和制造质量缺陷等不利因素带来的影响。

2) 钢丝绳的固定强度达不到钢丝绳本身的强度。

3) 由于惯性及加速作用（如启动、制动、振动、惯性冲击等）而造成的附加荷载的作用。

4) 由于钢丝绳通过滑轮槽时所产生的摩擦阻力作用。

5) 载重时的超载影响。

6) 吊索及吊具的超重影响。

7) 钢丝绳在绳槽中反复弯曲而造成疲劳危害的影响。

钢丝绳的安全系数是不可缺少的安全储备系数，决不允许凭借这种安全储备系数而擅自提高或加大钢丝绳的最大允许安全荷载，钢丝绳的安全系数见表 1-4。

(2) 选用原则

钢丝绳的选用应遵循下列原则：

1) 自升平台钢丝绳直径不应小于 8mm，安全系数不应小于 12。

2) 提升吊笼钢丝绳直径不应小于 12mm，安全系数不应小于 8。

3) 安装吊杆钢丝绳直径不应小于 6mm，安全系数不应小于 8。

4) 缆风绳直径不应小于 8mm，安全系数不应小于 3.5。

5) 能承受所要求的拉力，保证足够的安全系数。

6) 能保证钢丝绳受力后不发生扭转。

7) 具有耐疲劳，能承受反复弯曲和振动作用。

8) 具有较好的韧性和耐磨性能。

9) 与使用环境相适应：高温或多层缠绕的场合宜选用金属芯；高温、腐蚀严重的场合宜选用石棉芯；有机芯易燃，不适用于高温场合。

10) 必须有产品检验合格证。

(3) 钢丝绳的运输及存储

1) 运输过程中，应注意不要损坏钢丝绳表面。

2）钢丝绳应储存于干燥而有木地板或沥青、混凝土地面的仓库里，以免腐蚀。在堆放时，成卷的钢丝绳应竖立放置（即卷轴与地面平行），不得平放。

3）必须露天存放时，地面上应垫木方，并用防水毡布覆盖。

（4）钢丝绳的松卷

在整卷钢丝绳中引出一个绳头并拉出一部分重新盘绕成卷时，松绳的引出方向和重新盘绕成卷的绕行应保持一致，不得随意抽取，以免形成圈套和死结。如图 1-5、图 1-6 和图 1-7 所示。

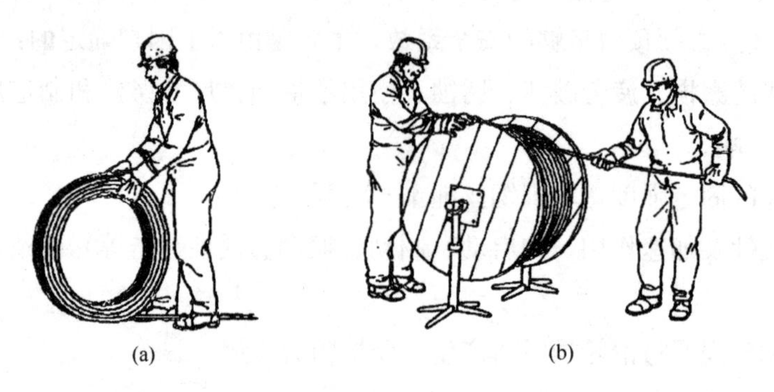

图 1-5　放出钢丝绳的正确方法

（a）从绳卷上放绳；（b）从卷盘上放绳

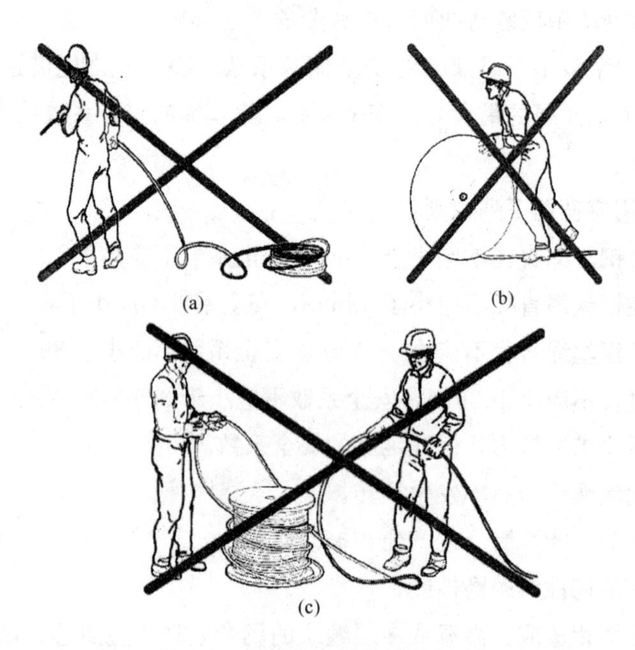

图 1-6　放出钢丝绳的错误方法

（a）从绳卷上放绳；（b）从卷盘上放绳；（c）从卷盘上放绳

（5）钢丝绳的穿绕

钢丝绳的使用寿命，在很大程度上取决于穿绕方式是否正确，因此，要由训练有

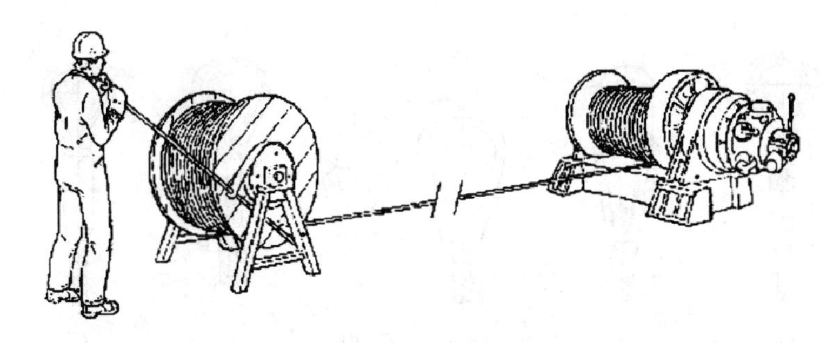

图 1-7 控制绳张力，从卷盘底部向卷筒底部传送钢丝绳

素的技工细心地进行穿绕，并应在穿绕中将钢丝绳涂抹润滑脂。

穿绕钢丝绳时，必须注意检查钢丝绳的捻向。如起升钢丝绳的捻向必须与起升卷筒上的钢丝绳绕向相反。

1.1.3 钢丝绳的绳端固定与连接

1. 钢丝绳的扎结与截断

在截断钢丝绳时，宜使用专用刀具或砂轮锯截断，较粗钢丝绳可用乙炔切割，严禁采用电焊切割。截断钢丝绳时，要在截分处进行扎结，扎结绕向必须与钢丝绳股的绕向相反，扎结须紧固，以免钢丝绳在断头处松开，如图 1-8 所示。

扎结宽度随钢丝绳直径大小而定：对于直径为 15～24mm 的钢丝绳，扎结宽度应不小于 25mm；对于直径为 25～30mm 的钢丝绳，扎结宽度应不小于 40mm；对于直径为 31～44mm 的钢丝绳，扎结宽度不得小于 50mm；对于直径为 45～51mm 的钢丝绳，扎结宽度不得小于 75mm。扎结处与截断口之间的距离应不小于 50mm。

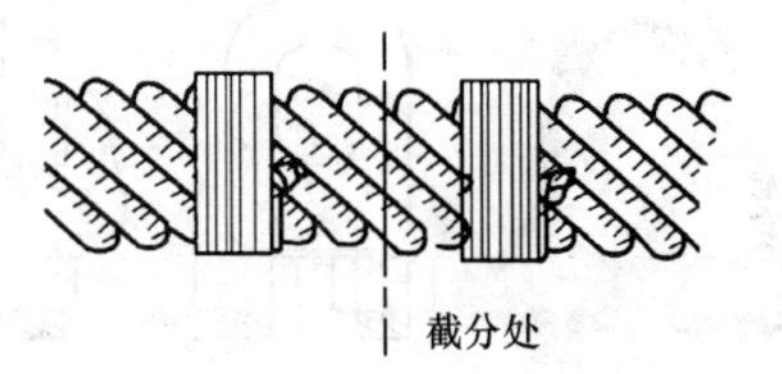

图 1-8 钢丝绳的扎结与截断

2. 钢丝绳的绳端固定与连接

钢丝绳与其他零部件或构件连接或固定应注意连接或固定方式与使用要求相符，连接或固定部位应达到相应的强度和安全要求。常用的连接和固定方式有以下几种，如图 1-9 所示。

注：在物料提升机上常用的绳端固定形式（卷扬机牵引绳、缆风绳等绳端固定形式）主要采用图 1-9(e) 钢丝绳固结中绳卡连接固定法与连接方法。

1）编结连接。如图 1-9(a) 所示，编结长度不应小于钢丝绳直径的 15 倍，且不应小于 300mm；连接强度不小于钢丝绳破断拉力的 75%。

2）楔块、楔套连接。如图 1-9(b) 所示，钢丝绳一端绕过楔块，利用楔块在套筒内的锁紧作用使钢丝绳固定。固定处的强度约为钢丝绳自身强度的 75%～85%。楔套

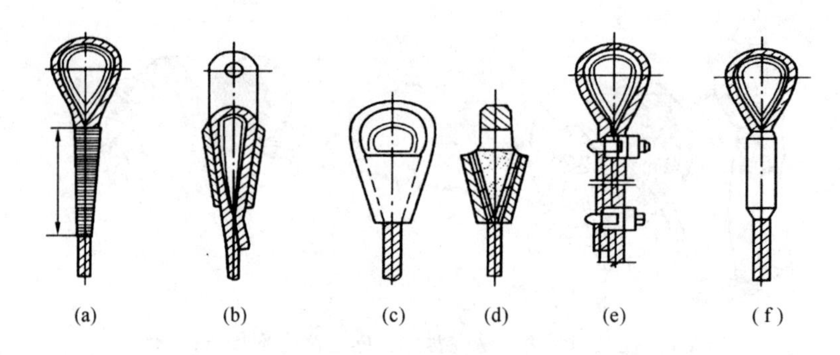

图 1-9　钢丝绳固接

(a) 编结连接；(b) 楔块、楔套连接；(c)，(d) 锥形套浇铸法；

(e) 绳卡连接；(f) 铝合金套压缩法

应用钢材制造，连接强度不小于钢丝绳破断拉力的 75%。

3）锥形套浇铸法。如图 1-9(c)、图 1-9（d）所示，先将钢丝绳拆散，切去绳芯后插入锥套内，再将钢丝绳末端弯成钩状，然后灌入熔融的铅液，最后经过冷却即成。

4）绳卡连接。如图 1-9(e) 所示。

① 钢丝绳卡如图 1-10 所示。

② 绳卡的布置如图 1-11 所示。

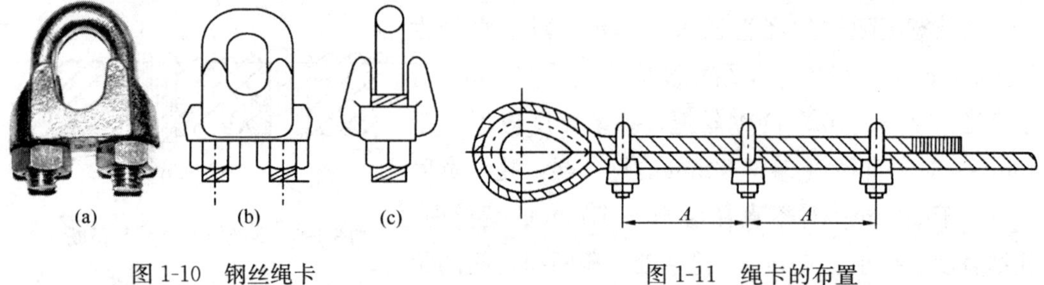

图 1-10　钢丝绳卡

(a) 实物图；(b) 平面图；(c) 侧视图

图 1-11　绳卡的布置

绳卡接法连接简单、可靠，被广泛应用，绳卡数量应根据钢丝绳直径满足表 1-5 的要求，用绳卡按照图 1-11 固定时，应注意绳卡数量（表 1-5）；绳卡间距必须大于等于钢丝绳直径的 6 倍；绳卡的方向要求其鞍形座必须卡在钢丝绳长端（受力端）一边，绳卡 U 形螺栓必须卡在钢丝绳短端（非受力端）一边，旋紧绳卡螺丝，压扁钢丝绳直径约 1/4～1/3 为合适；末端绳卡距绳头端头留有不得小于长度 140mm 的绳头。固定处绳端的连接强度不小于 85%钢丝绳破断拉力。

钢丝绳夹的数量　　**表 1-5**

绳夹规格（钢丝绳直径 mm）	<18	18～26	26～36	36～44	44～60
绳夹数量（个）	3	4	5	6	7

5）铝合金套压缩法

如图 1-9(f) 所示，钢丝绳末端穿过锥形套筒后松散钢丝，将头部钢丝弯成小钩，浇入金属液凝固而成。其连接应满足相应的工艺要求，固定处的强度与钢丝绳自身的强度大致相同。

1.1.4 钢丝绳的使用要求

（1）钢丝绳在卷筒上，应按顺序整齐排列。

（2）荷载由多根钢丝绳支承时，应设有各根钢丝绳受力的均衡装置。

（3）用于主卷扬的牵引钢丝绳，不得使用以编结接长的钢丝绳。使用其他方法固定钢丝绳时，必须保证接头连接处强度不小于钢丝绳破断拉力的 85%。

（4）起升高度较大的起重机，宜采用不旋转、无松散倾向的钢丝绳。采用其他钢丝绳时应有防止钢丝绳和吊具旋转的装置或措施。

（5）当吊笼处于工作位置最低点时，钢丝绳在卷筒上的缠绕，除固定绳尾的圈数外，必不少于 3 圈安全圈。

（6）应防止损伤、腐蚀或其他物理、化学因素造成的性能降低。

（7）钢丝绳开卷时，应防止打结、扭曲，钢丝绳切断时，应有防止绳股散开的措施。

（8）安装钢丝绳时，不应在不洁净的地方拖拉，也不应缠绕在其他的物体上，应防止划、磨、碾、压或过度弯曲。

（9）领取钢丝绳时，必须检查该钢丝绳的合格证，以保证钢丝绳的机械性能、规格符合设计要求。

（10）对日常使用的钢丝绳每天都应进行检查，包括对端部的固定连接、平衡滑轮、导向滑轮处的检查，并做出安全性的判断。

1.1.5 钢丝绳的检查

由于物料提升用钢丝绳在使用过程中反复受到拉伸、弯曲，当拉伸、弯曲的次数超过一定数值后，会使钢丝绳出现一种叫“金属疲劳”的现象，于是钢丝绳开始很快地损坏。同时当钢丝绳受力伸长时钢丝绳之间、绳与滑轮槽底之间、绳与起吊件之间产生摩擦，使钢丝绳使用一定时间后就会出现磨损、断丝现象。此外，由于使用、储存不当，也可能造成钢丝绳扭结、退火、变形、锈蚀、表面硬化、松捻等。钢丝绳在使用期间，一定要按规定进行定期检查，及早发现问题，及时保养或者更换报废，保证钢丝绳的安全使用。

1. 常用检查类别

（1）日常外观检查

每个工作日都应尽可能对任何钢丝绳所有可见部位进行观察，并应特别注意钢丝绳在起重机上的连接部位，对发现的损坏、变形等任何可疑变化情况都应报告，并由主管人员按照规范进行检查。

(2) 定期检验

定期检验应该按规范进行，为确定定期检验的周期，还应考虑如下几点：

1) 国家对应用钢丝绳的法规要求。

2) 物料提升机的类型及使用的工作环境。

3) 物料提升机的工作级别。

4) 前期检验结果。

5) 钢丝绳已使用的时间。

(3) 专项检验

1) 专项检验应按规范进行。

2) 在钢丝绳和/或其固定端的损坏而引发事故的情况下，或钢丝绳经拆卸又重新安装投入使用前，均应对钢丝绳进行一次检查。

3) 如物料提升机停止工作达 3 个月以上，在重新使用之前应对钢丝绳预先进行检查。

4) 根据钢丝绳的使用情况，主管人员有权决定缩短检查的时间间隔。

(4) 在合成材料滑轮或带合成材料衬套的金属滑轮上使用的钢丝绳的检验

1) 在纯合成材料或部分采用合成材料制成的或带有合成材料轮衬的金属滑轮上使用的钢丝绳，其外层发现有明显可见的断丝或磨损痕迹时，其内部可能早已产生了大量断丝。在这些情况下，应根据以往的钢丝绳使用记录制定钢丝绳专项检验进度表，其中既要考虑使用中的常规检查结果，又要考虑从使用中撤下的钢丝绳的详细检验记录。

2) 应特别注意已出现干燥或润滑剂变质的局部区域。

3) 对物料提升机用钢丝绳的报废标准，应以物料提升机制造商和钢丝绳制造商之间交换的资料为基础。

4) 根据钢丝绳的使用情况，主管人员有权决定缩短检查的时间间隔。

2. 检验部位

钢丝绳应作全长检查，还应特别注意下列各部位：

(1) 运动绳和固定绳两者的始末端。

(2) 通过滑轮组或绕过滑轮的绳段。

(3) 当起重机在受载状态时绕过滑轮组的钢丝绳的任何部位（在物料提升机重复作业情况下）。

(4) 位于平衡滑轮的钢丝绳段。

(5) 由于外部因素可能引起磨损的钢丝绳任何部位。

(6) 产生锈蚀和疲劳的钢丝绳内部。

(7) 处于热环境的绳段。

(8) 索具除外的绳端部位。

3. 内部检查和外部检查

对钢丝绳不同部位的检查主要分外部检查和内部检查。

(1) 钢丝绳外部检查

1) 直径检查

直径是钢丝绳极其重要的参数。通过对直径测量，可以反映该处直径的变化速度、钢丝绳是否受到过较大的冲击载荷、捻制时股绳张力是否均匀一致、绳芯对股绳是否保持了足够的支撑能力。钢丝绳直径应用带有宽钳口的游标卡尺测量，其钳口的宽度要足以跨越两个相邻的股，如图 1-12所示。

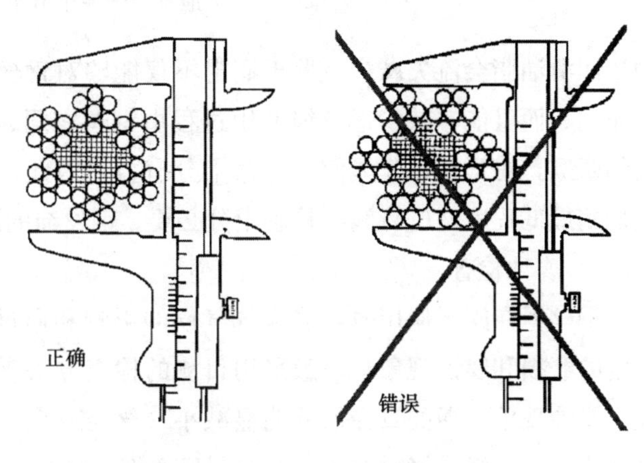

图 1-12 钢丝绳直径测量方法

2) 磨损检查

钢丝绳在使用过程中产生磨损现象不可避免。通过对钢丝绳磨损检查，可以反映出钢丝绳与匹配轮槽的接触状况，在无法随时进行性能试验的情况下，根据钢丝绳磨损程度的大小推测钢丝绳实际承载能力。钢丝绳的磨损情况检查主要靠目测。

3) 断丝检查

钢丝绳在投入使用后，肯定会出现断丝现象，尤其是到了使用后期，断丝发展速度会迅速上升。由于钢丝绳在使用过程中不可能一旦出现断丝现象即停止继续运行，因此，通过断丝检查，尤其是对一个捻距内断丝情况检查，不仅可以推测钢丝绳继续承载的能力，而且根据出现断丝根数发展速度，可间接预测钢丝绳使用疲劳寿命。钢丝绳的断丝情况检查主要靠目测计数如图 1-13 和图 1-14 所示。

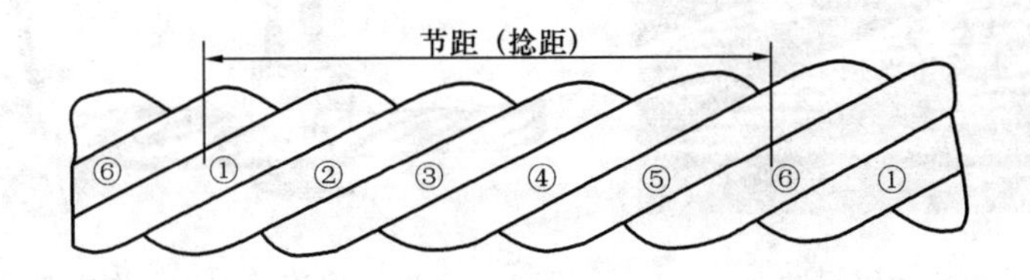

图 1-13 6 股钢丝绳一个节距（捻距）

4) 润滑检查

通常情况下，新出厂钢丝绳大部分在生产时已经进行了润滑处理，但在使用过程

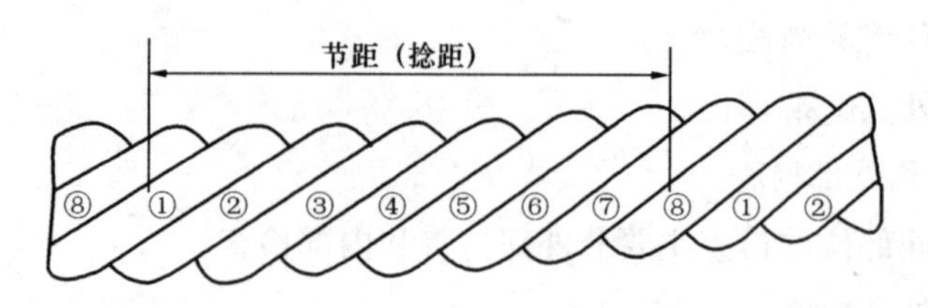

图 1-14　8 股钢丝绳一个节距（捻距）

中，润滑油脂会流失减少。鉴于润滑不仅能够对钢丝绳在运输和存储期间起到防腐保护作用，而且能够减少钢丝绳使用过程中钢丝之间、股绳之间和钢丝绳与匹配轮槽之间的摩擦，对延长钢丝绳使用寿命十分有益，因此，为把腐蚀、摩擦对钢丝绳的危害降低到最低程度，进行润滑检查十分必要。钢丝绳的润滑情况检查主要靠目测。

5）腐蚀检查

钢丝绳在露天使用时，受天气气候的影响和通过滑轮、卷筒缠绳时对钢丝绳产生一定的磨损和腐蚀现象，一般采用目测的检查方法观察钢丝绳表面以及外层钢丝的磨损、腐蚀现象。绳的直径尺寸明显减小（丝径减小 25%属重）或各钢丝上被磨平面几乎连成一片，绳股轻微变平和钢丝明显变细（丝径减小 35%属很重）以及腐蚀点氧化更为明显聚集时（重度），钢丝表面已严重受氧化影响（很重）而出现深坑，钢丝相当松弛，即使没有断丝也应判定立即报废，如图 1-15 所示。

（2）钢丝绳内部检查

对钢丝绳进行内部检查要比进行外部检查困难得多，但由于内部损坏（主要由锈蚀和疲劳引起的断丝）隐蔽性更大，因此，为保证钢丝绳安全使用，必须在适当的部位进行内部检查。

如图 1-16 所示，检查时将两个尺寸合适的夹钳相隔 100～200mm 夹在钢丝绳上反方向转动，股绳便会脱起。操作时，必须十分仔细，以避免股绳被过度移位造成永久变形（导致钢丝绳结构破坏）。

图 1-15　钢丝绳锈蚀

图 1-16　对一段连续钢丝绳作内部检验（张力为零）

如图 1-17 所示，小缝隙出现后，用螺钉旋具之类的探针拨动股绳并把妨碍视线的油脂或其他异物拨开，对内部润滑、钢丝锈蚀、钢丝及钢丝间相互运动产生的磨痕等情况进行仔细检查。检查断丝，一定要认真，因为钢丝断头一般不会翘起而不容易被发现。检查完毕后，稍用力转回夹钳，以使股绳完全恢复到原来位置。如果上述过程操作正确，钢丝绳不会变形。对靠近绳端的绳段特别是对固定钢丝绳应加以注意，诸如支持绳或悬挂绳等。

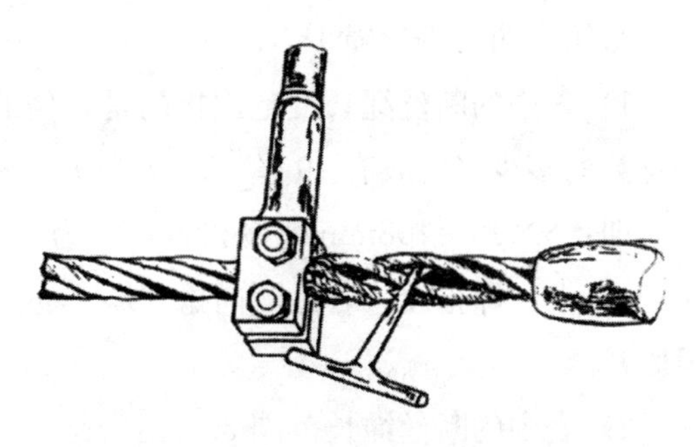

图 1-17　对靠近绳端装置的钢丝绳尾部作内部检验（张力为零）

(3) 钢丝绳使用条件检查

前面叙述的检查仅是对钢丝绳本身而言，这只是保证钢丝绳安全使用要求的一个方面。除此之外，还必须对与钢丝绳使用的外围条件——匹配轮槽的表面磨损情况、轮槽几何尺寸及转动灵活性进行检查，以保证钢丝绳在运行过程中与其始终处于良好的接触状态，运行摩擦阻力最小。

1.1.6　钢丝绳的报废

钢丝绳经过一定时间的使用，其表面的钢丝发生磨损和弯曲疲劳，使钢丝绳表层的钢丝逐渐折断，折断的钢丝数量越多，其他未断的钢丝承担的拉力越大，疲劳与磨损越甚，促使断丝速度加快，这样便形成恶性循环。当断丝发展到一定程度，保证不了钢丝绳的安全性能，届时钢丝绳不能继续使用，则应予以报废。

钢丝绳使用的安全程度由断丝的性质和数量，绳端断丝、断丝的局部聚集、断丝的增加率、绳股断裂、绳径减小、弹性降低、外部磨损、外部及内部腐蚀、变形、由于受热或电弧的作用而引起的损坏、伤痕等项目判定。对钢丝绳可能出现缺陷的典型示例，按《起重机钢丝绳保养、维护、检验和报废》GB/T 5971—2016 规定执行。

1. 钢丝绳的报废标准

钢丝绳在使用中，出现下列情况之一应立即报废更换：

(1) 钢丝绳断丝现象严重。建筑卷扬机起重钢丝绳按起重盘（一般在 2～5t）设计选用钢丝绳。在作业中，当出现在规定长度范围内断丝数达到表 1-6 中情形时，钢丝应报废。

钢丝绳断丝数　　**表 1-6**

钢丝绳结构形式	钢线绳长范围	钢丝绳规格	
		6×19(12+6+1)	6×37(18+12+6+1)
交互捻	$6d$	10	19
	$30d$	19	38
同向捻	$6d$	5	10
	$30d$	10	19

举例说明：钢丝绳 18NAT6（9＋9＋1）＋NF1770ZS190

1）表中的断丝绳长度范围指的是 6 倍的钢丝绳直径（d 是钢丝绳直径），根据每股钢丝数的多少（每股有 19 丝、37 丝等）对应计算。

即：6×18＝108mm 范围，若每股为 19 丝的，捻向“ZS”为右交互捻，则断丝数达到 10 根，即报废（若是同向捻“ZZ”或左同向捻“SS”时，则断丝数达到 5 根，即报废）。

2）表中的断丝绳长范围 30d 指的是 30 倍的钢丝绳直径。（d 是钢丝绳直径）

即：30×18＝540mm 范围，若每股为 19 丝的，捻向“ZS”为右交互捻，则断丝达到 19 根，即报废（若是同向捻“ZZ”或左同向捻“SS”时，则断丝数达到 10 根，即报废）。

（2）断丝局部聚集。

当断丝聚集在小于 6d 的绳长范围内，或集中在任一绳股中，即使断丝数少于表中的数值，也应报废。

（3）钢丝绳表面磨损或诱蚀严重。

当外层钢丝的直径受磨损或锈蚀而减小 40％时应报废（注意：是外层钢丝的直径，不是钢丝绳的直径）。

（4）当钢丝绳直径相对公称直径（即：设计规格或标准）减小 7％时，应报废。

（5）钢丝绳失去正常状态，产生以下变形时，应报废。

1）波浪形。波浪形的变形是钢丝绳的纵向轴线呈螺旋线形状，如图 1-18 所示。这种变形不一定导致任何强度上的损失，但如变形严重即会产生跳动造成不规则的传动。时间长了会引起磨损及断丝。出现波浪形时，在钢丝绳长度不超过 2d 的范围内，若 $d_1 \geqslant 4d/3$（式中 d 为钢丝绳的公称直径；d_1 是钢丝绳变形后包络的直径），则钢丝绳应报废。

2）笼状畸变。这种变形出现在具有钢芯的钢丝绳上，当外层绳股发生脱节或者变得比内部绳股长的时候就会发生这种变形，如图 1-19 所示。笼状畸变的钢丝绳应立即报废。

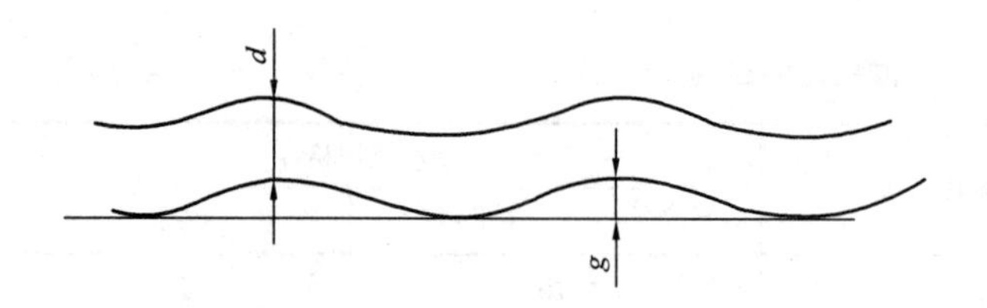

图 1-18　波浪形钢丝绳

d—钢丝绳公称直径；g—间隙

图 1-19　笼状畸变

3）绳股挤出。这种变形通常伴随笼状畸变一起产生，如图 1-20 所示。绳股被挤出说明钢丝绳不平衡。绳股挤出的钢丝绳应立即报废。

4）钢丝挤出。此种变形是一部分钢丝或钢丝束在钢丝绳背着滑轮槽的一侧拱起形成环状，如图 1-21(a) 所示，这种变形常因冲击荷载而引起。若此种变形严重时，如图 1-21(b) 所示钢丝绳应报废。

图 1-20 绳股挤出

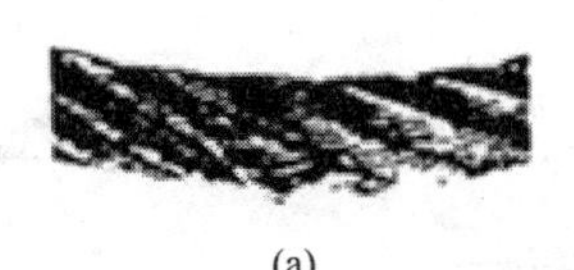

(a)

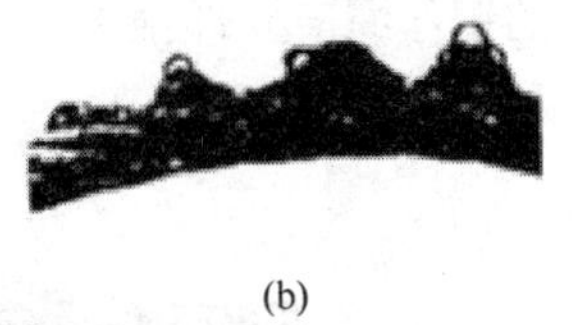

(b)

图 1-21 钢丝挤出

(a) 钢丝绳变形；(b) 变形严重

5）绳径局部增大。如图 1-22 所示。钢丝绳直径有可能发生局部增大，并能波及相当长的一段钢丝绳。绳径增大通常与绳芯畸变有关，如图 1-22 所示，是由钢芯畸变引起的绳径局部增大；绳径局部增大的必然结果是外层绳股产生不平衡而造成定位不正确，应报废。

6）扭结。是由于钢丝绳呈环状在不可能绕其轴线转动的情况下被拉紧而造成的一种变形，如图 1-23 所示。其结果是出现捻距不均而引起额外的磨损，严重时钢丝绳将产生扭曲以致只留下极小一部分钢丝绳强度。如图 1-23(a) 所示，是由于钢丝绳搓捻过紧而引起纤维芯突出；如图 1-23(b) 所示，是钢丝绳在安装时已扭结，安装使用后产生局部磨损及钢丝绳松弛。严重扭结的钢丝绳应立即报废。

图 1-22 绳径局部增大

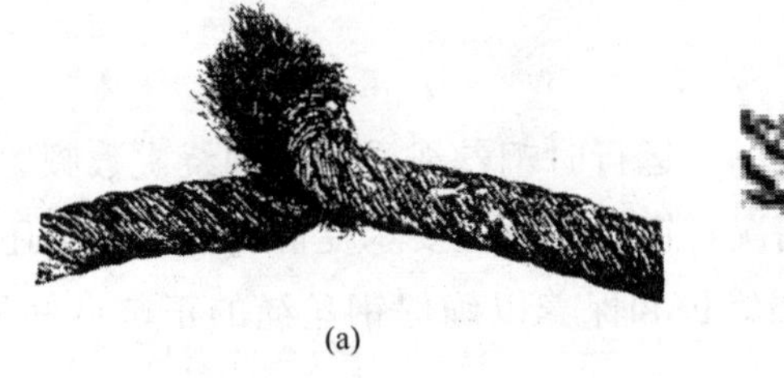

(a)

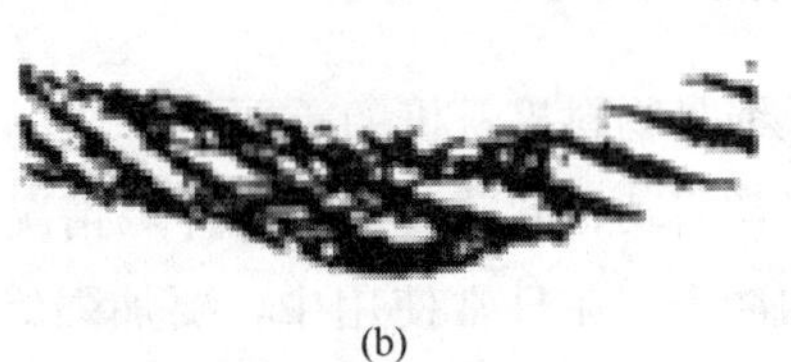

(b)

图 1-23 扭结

(a) 纤维芯突出；(b) 钢丝绳松弛

7）绳径局部减小。如图 1-24 所示，钢丝绳直径的局部减小常常与绳芯的断裂有

图 1-24 绳径局部减小

关，应特别仔细检查靠绳端部位有无此种变形。绳径局部严重减小的钢丝绳应报废。

8）部分被压扁。如图 1-25 所示，钢丝绳部分被压扁是由于机械事故造成的。严重时则钢丝绳应报废。

9）弯折。如图 1-26 所示，弯折是钢丝绳在外界影响下引起的角度变形。这种变形的钢丝绳应立即报废。

图 1-25　钢丝绳被压扁

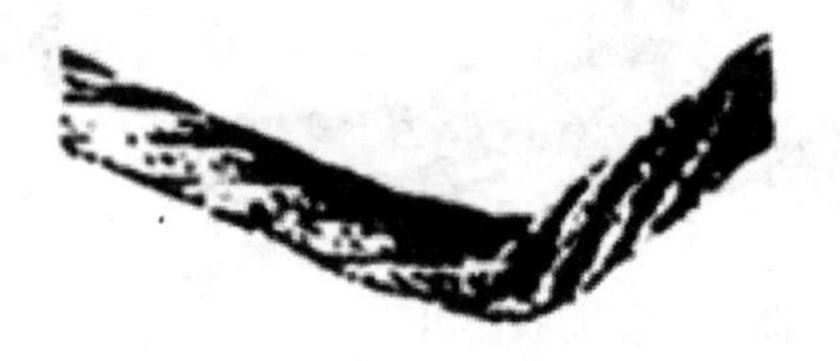

图 1-26　弯折

10）由于受热或电弧的作用而引起的损坏。钢丝绳经受特殊热力作用其外表出现颜色变化时应报废。

2. 绳端检查

（1）绳端断丝

当绳端或其附近出现断丝时，即使数量很少也表明该部位应力很高，可能是由于绳端安装不正确造成的，应查明损坏原因。如果绳长允许，应将断丝的部位切去重新合理安装固定。

（2）断丝的局部聚集

如果断丝集中在某一股中或在一个节距（捻距）内的断丝数形成局部聚集，则钢丝绳应报废。如这种断丝聚集在小于 $6d$ 的绳长范围内，或者集中在任一绳股里，那么，即使断丝数比表 1-9 的数值少，钢丝绳也应予报废。

1.1.7　钢丝绳的维护和保养

钢丝绳是物料提升机的重要部件之一，运行时钢丝绳受弯曲缠绕次数频繁，由于提升机经常启动、制动及偶然急停等情况，钢丝绳不但要承受静荷载，同时还要承受动荷载的冲击。在日常使用中，要加强维护和保养以确保钢丝绳的正常良好的状态，保证使用安全。

钢丝绳的维护保养，应根据钢丝绳的用途、作业环境和种类来确定。在可能允许的情况下，应对钢丝绳进行适时清洗并涂抹润滑油或润滑脂，以降低钢丝之间的摩擦损耗，同时保持表面不锈蚀。钢丝绳的润滑应根据生产厂家的要求进行，润滑油或润滑脂应根据生产厂家的说明书选用。

钢丝绳内原有油浸麻芯或其他油浸绳芯，使用时油逐渐外渗，一般不需要在表面涂油，如果使用日久和使用场合条件较差，有腐蚀气体，温（湿）度较大，则容易引起钢丝绳表面锈蚀腐烂，必须定时涂抹润滑油脂。但涂抹油脂应适量，用量不可太多，使润滑油在钢丝绳表面能有渗透进绳芯的效果即可。如果润滑过度，将会造成摩擦系数显著下降而产生在滑轮中打滑现象。

润滑前，应将钢丝绳表面上积存的污垢和铁锈清除干净，最好使用镀锌钢丝刷清理。钢丝绳表面越干净，润滑油脂就越容易渗透到钢丝绳内部去，润滑效果就越好。

钢丝绳润滑的方法有刷涂法和浸涂法。刷涂法就是人工使用专用的刷子，把加热的润滑脂涂刷在钢丝绳的表面上；浸涂法就是将润滑脂加热到60℃，然后使钢丝绳在容器内熔融状态的润滑脂中缓慢地通过，浸涂法润滑的效果更好。

1.2 吊钩

吊钩属于物料提升机上的重要取物装置之一。吊钩若使用不当，容易造成损坏和折断而发生重大事故，因此，必须加强对吊钩进行经常性的安全技术检验。

1.2.1 吊钩的分类

吊钩按制造方法可分为锻造吊钩和片式吊钩。

锻造吊钩又可分为单钩和双钩，如图1-27(a)、图1-27(b) 所示。片式单钩一般用于小的起重量，片式双钩多用于较大的起重量，如图1-27(c)、图1-27(d) 所示。

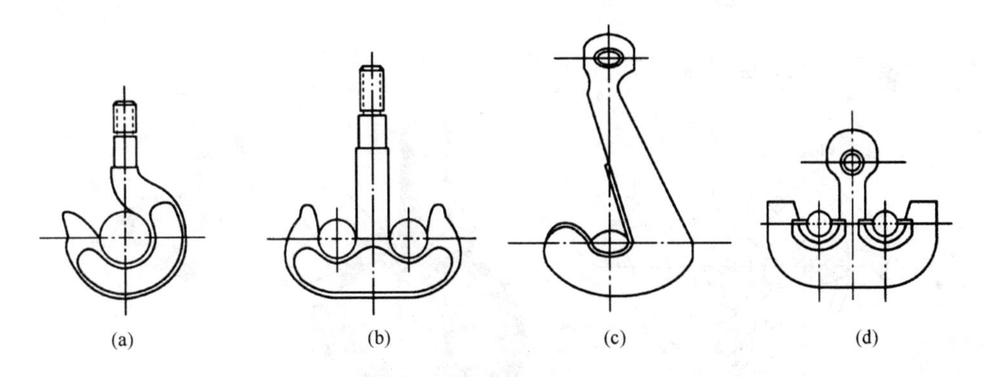

图1-27 吊钩的种类

(a) 锻造单钩；(b) 锻造双钩；(c) 片式单钩；(d) 片式双钩

片式吊钩比锻造吊钩安全，因为吊钩板片不可能同时断裂，个别板片损坏还可以更换。吊钩按钩身（弯曲部分）的断面形状可分为圆形、矩形、梯形和T字形断面吊钩。

1.2.2 吊钩安全技术要求

吊钩应有出厂合格证明，在低应力区应有额定起重量标记。

1. 吊钩的危险断面

要对吊钩进行检验，必须先了解吊钩的危险断面所在。通过对吊钩的受力分析，可以发现吊钩的危险断面有3个。

如图1-28所示，假定吊钩上吊挂重物的重量为Q，由于重物重量通过钢丝绳作用在吊钩的Ⅰ—Ⅰ断面上，有把吊钩切断的趋势，则该断面上受切应力；由于重量Q的作用，在Ⅲ—Ⅲ断面有把吊钩拉断的趋势，这个断面就是吊钩钩尾螺纹的退刀槽，这个部位受拉应力；Q力对吊钩产生拉、切力之后，还有把吊钩拉直的趋势，也就是对Ⅰ—Ⅰ断面以左的各断面除受拉力以外，还受到力矩的作用。因此，Ⅱ—Ⅱ断面受Q的拉力，使整个断面受切应力，同时受力矩的作用。另外，由于Ⅱ—Ⅱ断面的内侧受拉应力，外侧受压应力，且根据计算，内侧拉应力比外侧压应力大一倍多，所以吊钩要做成内侧厚、外侧薄。

2. 吊钩的检验

一般先用煤油洗净钩身，然后用20倍放大镜检查钩身是否有疲劳裂纹，对危险断面的检查要特别认真、仔细。钩柱螺纹部分的退刀槽是应力集中处，要注意检查有无裂缝。对板钩还应检查衬套、销子、小孔、耳环及其他紧固件是否有松动、磨损现象。对一些大型、重型起重机的吊钩还应采用无损探伤法检验其内部是否存在缺陷。

3. 吊钩的保险装置

吊钩必须装有可靠防脱棘爪（吊钩保险），防止工作时索具脱钩，如图1-29所示。

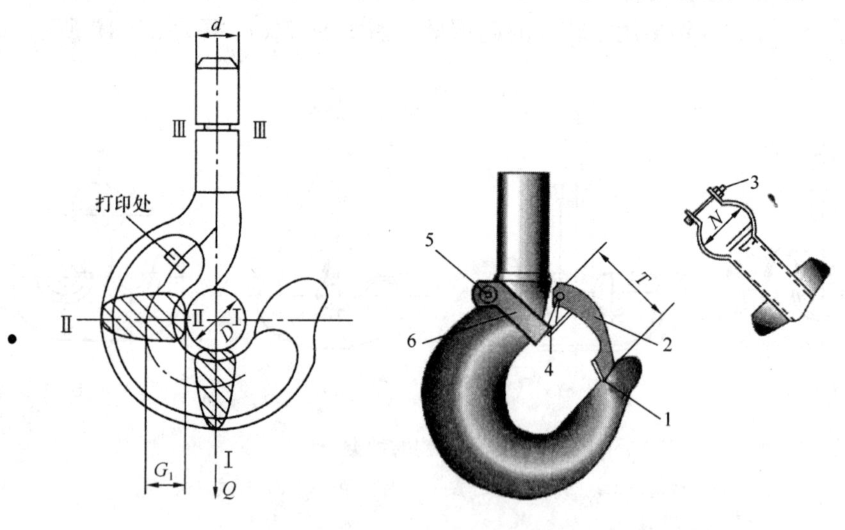

图1-28　吊钩的危险断面

图1-29　吊钩防脱棘爪

1—突缘；2—防脱棘爪；3—锁紧螺母；4—弹簧；5—固定螺栓；6—夹子

1.2.3　吊钩的报废

吊钩禁止补焊，有下列情况之一的，应予以报废：

（1）用20倍放大镜观察表面有裂纹。

（2）钩尾和螺纹部分等危险截面及钩筋有永久性变形。

(3) 挂绳处截面磨损量超过原高度的10%。

(4) 心轴磨损量超过其直径的5%。

(5) 开口度比原尺寸增加15%。

1.3 卸扣

卸扣又称卡环，是物料提升作业中广泛使用的连接工具，它与钢丝绳等索具配合使用，拆装颇为方便。

1.3.1 卸扣的分类

(1) 按其外形分为直形和椭圆形，如图1-30所示。

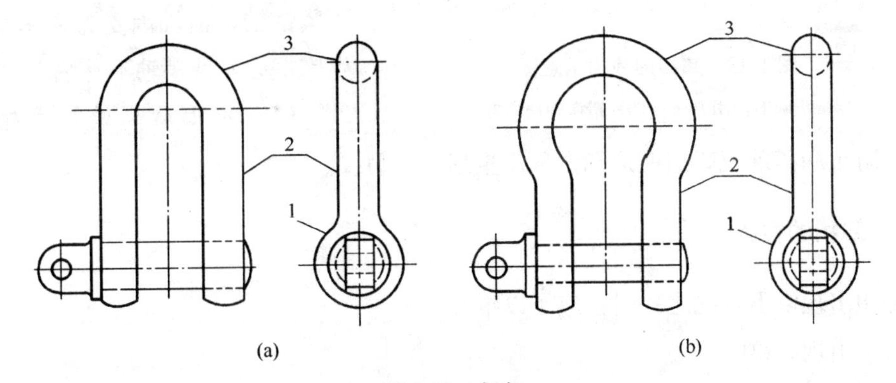

图1-30 卸扣

(a) 直形卸扣；(b) 椭圆形卸扣

1—环眼；2—扣体；3—扣顶

(2) 按活动销轴的形式可分为销子式和螺栓式，如图1-31所示。

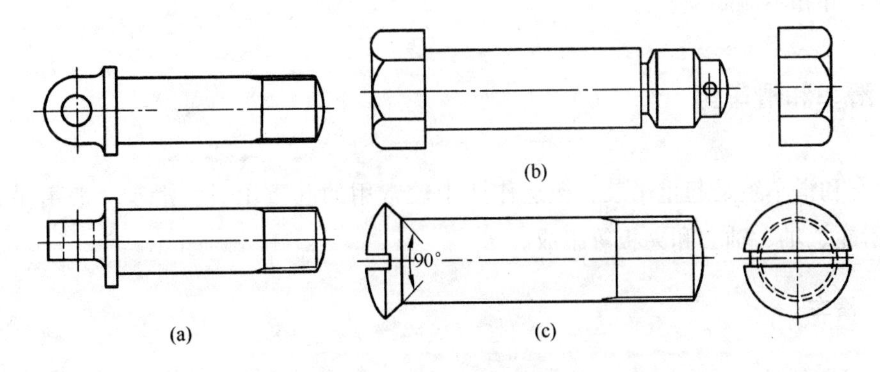

图1-31 销轴的几种形式

(a) W型—带有环眼和台肩的螺纹销轴；(b) X型—六角头螺栓、六角螺母和开口销；(c) Y型—沉头螺钉

1.3.2 卸扣使用注意事项

（1）卸扣必须是锻造的，一般是用20号钢锻造后经过热处理而制成，以便消除残余应力和增加其韧性。不能使用铸造和补焊的卸扣。

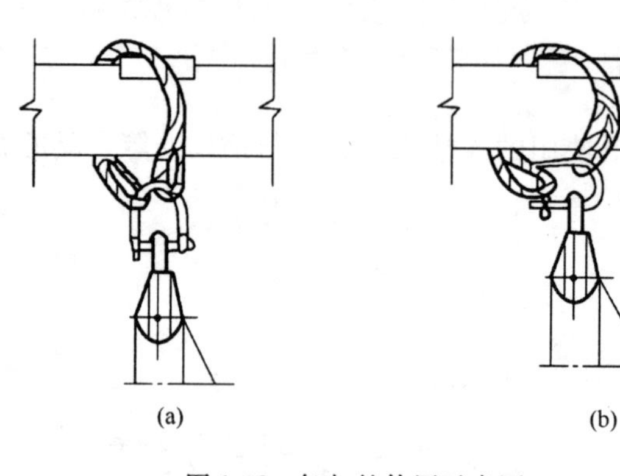

图1-32 卸扣的使用示意图

(a) 正确的使用方法；(b) 错误的使用方法

（2）使用时不得受超过规定的荷载，应使销轴与扣顶受力，不能横向受力。横向使用会造成扣体变形。

（3）吊装时使用卸扣绑扎，在吊物起吊时应使扣顶在上销轴在下，如图1-32所示，使绳扣受力后压紧销轴，销轴因受力在销孔中产生摩擦力，使销轴不易脱出。

（4）不得从高处往下抛掷卸扣，以防止卸扣落地碰撞变形和内部产生损伤及裂纹。

1.3.3 卸扣的报废

卸扣出现以下情况之一时，应予以报废：

（1）出现裂纹。

（2）磨损达原尺寸的10%。

（3）本体变形达原尺寸的10%。

（4）销轴变形达原尺寸的5%。

（5）螺栓坏丝或滑丝。

（6）卸扣不能闭锁。

1.4 滑车和滑车组

滑车和滑车组是起重吊装、搬运作业中较常用的起重工具。滑车一般由吊钩（链环）、滑轮、轴、轴套和夹板等组成。

1.4.1 滑车

1. 滑车的种类

滑车按滑轮的多少，可分为单门（一个滑轮）、双门（两个滑轮）和多门等几种；按连接件的结构形式不同，可分为吊钩型、链环型、吊环型和吊梁型四种；按滑车的夹板形式分，有开口滑车和闭口滑车两种等，如图 1-33 所示。开口滑车的夹板可以打开，便于装入绳索，一般都是单门，常用在拔杆脚等处作导向用。滑车按使用方式不同，又可分为定滑车和动滑车两种。定滑车在使用中是固定的，可以改变用力的方向，但不能省力；动滑车在使用中是随着重物移动而移动的，它能省力，但不能改变力的方向。

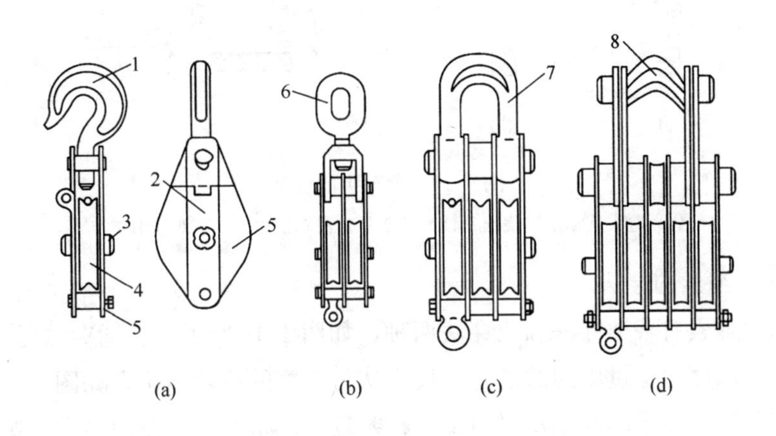

图 1-33 滑车

(a) 单门开口吊钩型；(b) 双门闭口链环型；(c) 三门闭口吊环型；(d) 三门吊梁型

1—吊钩；2—拉杆；3—轴；4—滑轮；5—夹板；6—链环；7—吊环；8—吊梁

2. 滑车的允许荷载

滑车的允许荷载，可根据滑轮和轴的直径确定，一般滑车上都有标明，使用时应根据其标定的数值选用，同时滑轮直径还应与钢丝绳直径匹配。

双门滑车的允许荷载为同直径单门滑车允许荷载的两倍，三门滑车为单门滑车的三倍，以此类推。同样，多门滑车的允许荷载就是它的各滑轮允许荷载的总和。因此，如果知道某一个四门滑车的允许荷载为 20000kg，则其中一个滑轮的允许荷载为 5000kg，对于这四门滑车，若工作中仅用一个滑轮，只能负担 5000kg；用两个，只能负担 10000kg；只有四个滑轮全用时才能负担 20000kg。

1.4.2 滑车组

滑车组是由一定数量的定滑车和动滑车及绕过它们的绳索组成的简单起重工具。它能省力也能改变力的方向。

1. 滑车组的种类

滑车组根据跑头引出的方向不同，可以分为跑头自动滑车引出和跑头自定滑车引出两种。如图 1-34(a) 所示，跑头自动滑车引出，这时用力的方向与重物移动的方向一致；如图 1-34(b) 所示，跑头自定滑车绕出，这时用力的方向与重物移动的方向相反。在采用多门滑车进行吊装作业时常采用双联滑车组。如图 1-34(c) 所示，双联滑车组有两个跑头，可用两台卷扬机同时牵引，其速度快一倍，滑车组受力比较均衡，滑车不易倾斜。

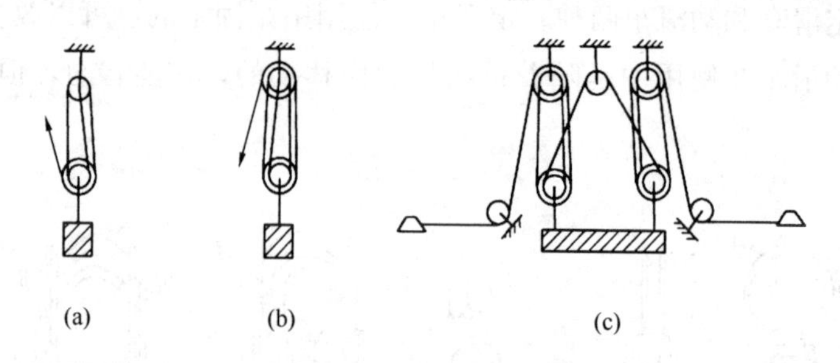

图 1-34　滑车组的种类

（a）跑头从动滑车绕出；（b）跑头从定滑车绕出；（c）双联滑车组

2. 滑车组绳索的穿法

滑车组中绳索有普通穿法和花穿法两种，如图 1-35 所示。普通穿法是将绳索自一侧滑轮开始，顺序地穿过中间的滑轮，最后从另一侧的滑轮引出，如图 1-35(a) 所示。滑车组在工作时，由于两侧钢丝绳的拉力相差较大，跑头 7 的拉力最大，第 6 根为次，顺次至固定头受力最小，所以滑车在工作中不平稳。如图 1-35(b) 所示，花穿法的跑头从中间滑轮引出，两侧钢丝绳的拉力相对较小，所以能克服普通穿法的缺点。在用“三三”以上的滑车组时，最好用花穿法。滑车组中动滑车上穿绕绳子的根数，习惯上叫“走几”，如动滑车上穿绕 3 根绳子，叫“走 3”，穿绕 4 根绳子叫“走 4”。

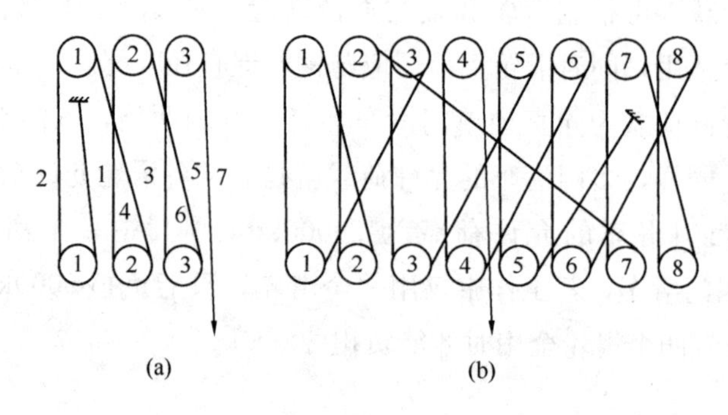

图 1-35　滑车组的穿法

（a）普通穿法；（b）花穿法

1.4.3　滑车及滑车组使用注意事项

（1）使用前应查明标识的允许荷载，检查滑车的轮槽、轮轴、夹板、吊钩（链环）等有无裂缝和损伤，滑轮转动是否灵活。

（2）滑车组绳索穿好后，要慢慢地加力，绳索收紧后应检查各部分是否良好，有无卡绳现象。

（3）滑车的吊钩（链环）中心，应与吊物的重心在一条垂线上，以免吊物起吊后不平稳。滑车组上下滑车之间的最小距离应根据具体情况而定，一般为700～1200mm。

（4）滑车在使用前、后都要刷洗干净，轮轴要加油润滑，防止磨损和锈蚀。

（5）为了提高钢丝绳的使用寿命，滑轮直径不得小于钢丝绳直径的16倍。

1.5 吊装带

1.5.1 吊装带范围

《编织吊索安全性　第2部分：一般用途合成纤维圆形吊装带》JB/T 8521.2—2007规定了由聚酰胺、聚酯和聚丙烯合成纤维材料制成的圆形吊装带（以下简称吊装带），最大极限工作荷载可达100t。同时也规定了垂直提升时以及两肢、三肢、四肢吊装带（带或不带端配件）的定级和试验方法。

本部分适用于一般材料和物品提升作业。

本部分未涉及的提升作业包括：提升人、有潜在危险的物品，如：熔融的金属、酸、玻璃板、易碎物品、核反应堆以及特殊环境下的提升作业。

本部分的吊装带适用于在以下温度范围内使用和贮存：

（1）聚酯、聚酰胺：－40℃～100℃。

（2）聚丙烯：－40℃～80℃。

本部分不适用于以下类型的吊装带：

（1）用于在托台和平台上或车辆中将货物固定或捆扎在一起的吊装带。

（2）无填充物的管状吊装带。

1.5.2 吊装带安全要求

1. 材料

吊装带的材料应完全由工业丝制成，并经制造商确认。所用材料易于牵引，热稳定性良好，其断裂强度不低于于60cN/tex [厘牛/特克斯，厘牛（cN）即厘牛顿，约为1克质量对应的重力]，吊装带的主要材料有以下几种：

（1）聚酰胺（PA），高韧性多纤维丝。

（2）聚酯（PES），高韧性多纤维丝。

（3）聚丙烯（PP），高韧性多纤维丝。

2. 承载芯

承载芯应由一束或多束母材相同的丝束缠绕而成（丝束的最小缠绕圈数为11圈），丝束在末端连接形成无极束。各丝束的缠绕方式应相同，以确保均匀承载。任一搭接接头应至少相隔 4 圈丝束，且在每一接头处应多缠一圈作为补偿（如图 1-36 所示）。

3. 封套

封套应由母材相同的纤维丝编织而成，纤维丝的材料与承载芯相同。封套的半成品封套应两端交叠，缝在一起。在切割时，应保证封套的两端纤维不松散。如果采用熔断法下料，应确保不影响承载芯强度。应对封套材料进行处理，以形成封闭表面。

注：这些处理可以防止封套磨损和磨损性物质进入封套，还可用于对编织材料或纤维丝进行处理。

4. 缝合

所有缝合线的材料应与封套和承载芯的母材相同，且应使用带锁边的缝纫机进行缝合。

注：可采用与吊装带其他部分不同颜色的缝线进行缝合，以便于制造商和使用者进行检查和验收。

5. 有效工作长度

吊装带水平放置，并用手拉直时，用分度值为 1mm 的钢卷尺或钢直尺测盘，其有效工作长度（EWL）L_1，（图 1-37）偏差不应超过名义长度的±2%。

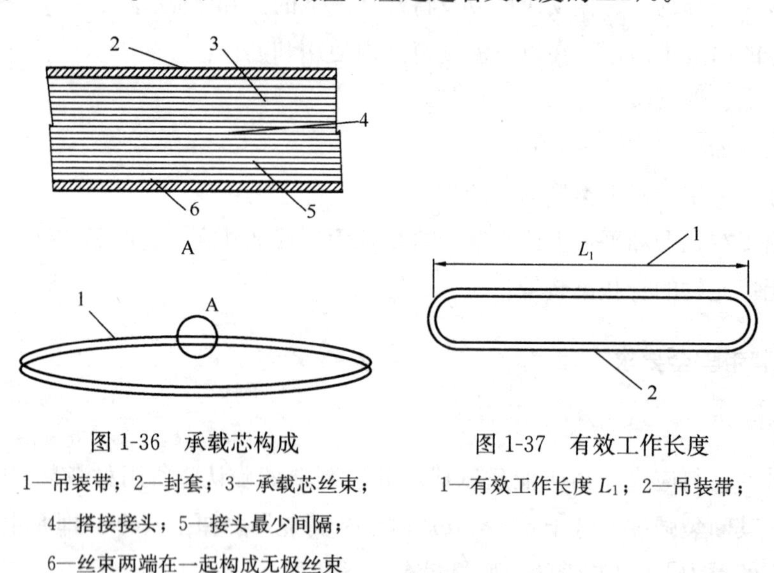

图 1-36　承载芯构成

1—吊装带；2—封套；3—承载芯丝束；4—搭接接头；5—接头最少间隔；6—丝束两端在一起构成无极丝束

图 1-37　有效工作长度

1—有效工作长度 L_1；2—吊装带；

6. 颜色标识

吊装带封套的颜色应按表 1-7 执行，封套耐摩擦沾色牢度应不低于《纺织品色牢度试验评定沾色用灰色样卡》GB/T 251—2008 中的 3 级，不同的颜色代表不同的极限工作荷载。表 1-7 中未列出极限工作荷载的吊装带，其颜色不应与表 1-7 规定的颜色相同。

极限工作荷载和颜色 **表 1-7**

吊装带垂直提升时的极限工作荷载（t）	吊装带部件颜色	极限工作荷载 t								
		垂直提升	扼圈式提升	吊篮式提升			两肢吊索		三肢和四肢吊索	
				平行	p=0°～45°	p=15°～60°	p=0°～15°	p=45°～60°	p=0°～45°	p=45°～60°
		M=1	M=0.8	M=2	M=1.4	M=1		M=1	M=Z1	M=1.5
1.0	紫色	1.0	0.8	2.0	1.4	1.0	1.4	1.0	2.1	1.5
2.0	绿色	2.0	1.6	4.0	2.8	2.0	2.8	2.0	4.2	3.0
3.0	黄色	3.0	2.1	6.0	4.2	3.0	4.2	3.0	6.3	4.5
4.0	灰色	4.0	3.2	8.0	5.6	4.0	5.6	4.0	8.4	6.0
5.0	红色	5.0	4.0	10.0	7.0	5.0	7.0	5.0	10.5	7.5
6.0	棕色	6.0	4.8	12.0	8.4	6.0	8.4	6.0	12.6	9.0
8.0	蓝色	8.0	6.1	16.0	11.2	8.0	11.2	8.0	16.8	12.0
10.0	橙色	10.0	8.0	20.0	11.0	10.0	14.0	10.0	21.0	15.0
12.0	橙色	12.0	9.6	24.0	16.8	12.0	16.8	12.0	25.2	18.0
15.0	橙色	15.0	12.0	30.0	21.0	15.0	21.0	15.0	31.5	22.5
20.0	橙色	20.0	16.0	40.0	28.0	20.0	28.0	20.0	30.0	30.0
25.0	橙色	25.0	20.0	50.0	35.0	25.0	35.0	25.0	52.5	37.5
30.0	橙色	30.0	24.0	60.0	42.0	30.0	42.0	30.0	63.0	45.0
40.0	橙色	10.0	32.0	80.0	56.0	40.0	56.0	40.0	84.0	60.0
50.0	橙色	50.0	40.0	100.0	70.0	50.0	70.0	50.0	105.0	75.0
60.0	橙色	60.0	48.0	120.0	84.0	60.0	84.0	60.0	126.0	90.0
80.0	橙色	80.0	64.0	160.0	112.0	80.0	112.0	80.0	168.0	120.0
100.0	橙色	100.0	80.0	200.0	140.0	100.0	140.0	100.0	210.0	150.0

注：M是对称承载方式的系数，吊装带或吊装带零件的安装公差：垂直方向为6°。

7. 极限工作荷载

对于某一组合形式或使用方式，吊装带或组合多肢吊装带的极限工作荷载（WLL）应等于垂直提升时吊装带的极限工作荷载乘以相应的方式系数M（根据表1-7选取）。

8. 破断力

按照附录中的规定进行试验时，吊装带的最小破断力应为6倍极限工作荷载，而封套的最小破断力不低于2倍极限工作荷载。除非所有同类型的吊装带都进行相同的预加荷载，否则不应在试验前对其预加荷载。

9. 吊装带的端配件

（1）端配件的质量等级应由供需双方协商确定。

（2）按附录中的规定进行试验时，端配件与吊装带的连接应保证：

1）吊装带与端配件相接触的区域没有损坏。

2）吊装带应能承受施加的荷载。

3）安装焊接端配件时应使焊缝在吊装带使用过程中可以看见。

10. 防止锐利边缘和/或损伤吊装带的加强及保护措施

（1）在吊装带上施加耐久性加固物时，应将其熔铸在吊装带上，或在吊装带上缝制一块保护材料或护套保护织带。

（2）护套应为管状，以便能将其自由套在缝制织带部件需要保护的部位。

注：护套的材料可以是织带、织物、皮革以及其他耐用材料。

1.5.3 安全要求的验检

所有试验及检验应由检验人员完成。

1. 型式试验

（1）应按照《编织吊索　安全性　第2部分：一般用途合成纤维圆形吊装带》JB/T 8521.2—2007的规范要求检测每种类型或每种结构的首件吊装带样品的极限工作荷载（材料更改时也应进行检测）。

试验时，如果吊装带样品的承载力达不到6倍极限工作荷载，但不小于6倍极限工作荷载的90%，则应另外抽取3件同种类型的吊装带样品进行试验。如果有1件或更多件的承载力仍达不到6倍极限工作荷载，则判定此种类型的吊装带不符合本部分规定。

（2）应按照《编织吊索安全性第2部分：一般用途合成纤维圆形吊装带》JB/T 8521.2—2007的规范要求对每种类型或每种结构的首件带整体端配件的吊装带样品进行试验，以确认吊装带与其端配件的连接是否符合要求。

试验时，如果吊装带样品的承载力达不到2倍极限工作荷载，但不小于规定值的90%，则应另外抽取3件同种类型的吊装带样品进行试验。如果有一件或更多件的承载力仍达不到2倍极限工作荷载，则判定此种类型的吊装带不符合本部分规定。

2. 制造试验体系

（1）制造试验体系应符合《质量管理体系要求》GB/T 19001—2016的质量管理体系要求并取得具有资质的认证机构认证。

如果以上体系已在运行中，制造试验体系应按（2）执行，否则按（3）执行。

（2）制造商的质量管理体系符合《质量管理体系要求》GB/T 19001—2016时的生产试验

如果制造商的质量管理体系符合《质量管理体系要求》GB/T 19001—2016，进行生产制造时应至少按照达到表1-8中规定生产的时间或两年选出一些吊装带进行试验

(时间间隔取两者中较短的时间)，选定的吊装带应按照表 1-8 的规定检验极限工作荷载。

最大试验间隔（一）　　**表 1-8**

吊装带垂直提升极限工作荷载（t）	两次试验之间每种类型生产量的极大值（件）
<3	1000
>3	500

试验时，如果吊装带样品的承载力达不到 6 倍极限工作荷载，但不小于 6 倍极限工作荷载的 90%，则应另外抽取三件同种类型的吊装带样品进行试验。如果有一件或更多件的承载力达不到 6 倍极限工作荷载，则判定此种类型的吊装带不符合本部分规定。

(3) 制造商的质量管理体系不符合《质量管理体系要求》GB/T 19001—2016 时的生产试验

如果制造商不具备符合《质量管理体系要求》GB/T 19001—2016 质量管理体系生产制造时，应至少按照达到表 1-9 中规定生产量的时间或一年选出一些吊装带进行试验(时间间隔取两者中较短的时间)，选定的吊装带应按照附录中 1. 2 的规定检验极限工作荷载。

最大试验间隔（二）　　**表 1-9**

吊装带垂直提升极限工作荷载（t）	两次试验之间每种类型生产 M 的极大值（件）
<3	500
>3	250

试验时，如果吊装带样品的承载力达不到 6 倍极限工作荷载，但不小于 6 倍极限工作荷载的 90%，则应另外抽取三件同种类型的吊装带样品进行试验。如果有一件或更多件的承载力仍达不到 6 倍极限工作荷载，则判定此种类型的吊装带不符合本部分规定。

3. 目测或手工检查

应对每件吊装带或组合多肢吊装带成品进行目测或手工检查，包括测量主要尺寸。如果发现吊装带有任何不符合安全要求的隐患或发现任何缺陷，则该吊装带应予报废。

4. 试验和检验记录

制造商应保留一份有关所有试验和检验结果的记录，以备查验和参考。

1.5.4　标识

1. 总则

吊装带应包括如下标识：

(1) 垂直提升时的极限工作荷载。

（2）吊装带的材料，如聚酯、聚酰胺和聚丙烯。

（3）端配件等级。

（4）名义长度，单位：m。

（5）制造商名称、标志、商标或其他明确的标识。

（6）可查询记录（编码）。

（7）执行的标准号。

2. 标签

（1）应在耐用的标签上（标签直接固定在吊装带上）清晰永久地标示出总则中规定的信息；标签字体的高度不应小于 1.5mm；应将标签的一部分缝到吊装带的封套内。

（2）吊装带的材料应通过标签的颜色进行标识，以下为吊装带材料及对应的标签颜色。

1）聚酰胺：绿色。

2）聚酯：蓝色。

3）聚丙烯：棕色。

1.6 常用起重机械

1.6.1 起重机类型

起重吊装使用的起重机类型主要为塔式和流动式两种。其中，塔式起重机主要有固定式和轨道行走式；流动式起重机主要有汽车式、轮胎式和履带式。如图 1-38 所示为起重吊装常用的塔式、汽车式、履带式起重机。

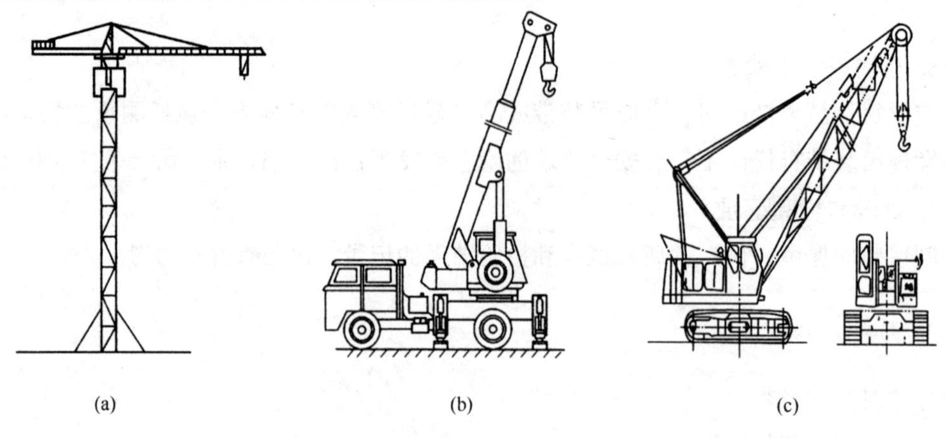

(a)　(b)　(c)

图 1-38　施工现场常用的起重机

（a）塔式；（b）汽车式；（c）履带式

1. 塔式起重机

塔式起重机简称塔机，亦称塔吊，主要用于房屋建筑施工中物料的垂直和水平输送及建筑构件的安装，在高层建筑施工中是不可缺少的施工机械。物料提升机的安装可使用塔机作为辅助起重设备。

（1）塔式起重机的性能参数

塔式起重机的分类方式有多种，从其主体结构和外形特征考虑，基本上可按架设形式、变幅形式、旋转部位和行走方式区分。施工现场常用的为自升小车变幅式塔式起重机，其主要技术性能参数包括起重力矩、起重量、幅度、自由高度（独立高度）和最大高度等，其他参数包括工作速度、结构重量、外形尺寸和尾部（平衡臂）尺寸等。

（2）塔式起重机结构组成

塔式起重机由金属结构、工作机构、电气系统和安全装置等组成。如图 1-39 所示为小车变幅式塔式起重机结构示意图。

1）金属结构，由起重臂、平衡臂、塔帽、回转总成、顶升套架、塔身、底架（行走式）和附着装置等组成。

2）工作机构，包括起升机构、行走机构、变幅机构、回转机构和液压顶升机构等。

3）电气系统，由电源、电气设备、导线和低压电器组成。

4）塔式起重机的安全装置，包括起升高度限位器、幅度限位器、回转限位器、运行（行走）限位器、起重力矩限制器、起重量限制器和小车断绳保护装置等，用来保证塔机的安全使用。

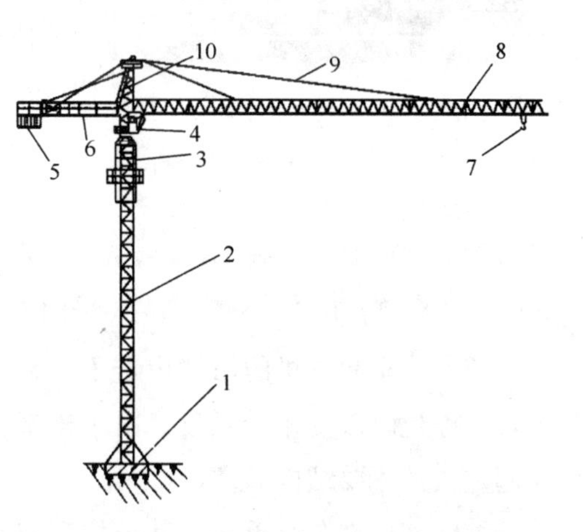

图 1-39 小车变幅式塔式起重机结构示意图

1—基础；2—塔身；3—顶升套架；4—驾驶室；5—平衡重；6—平衡臂；7—吊钩；8—起重臂；9—拉杆；10—塔帽

（3）塔式起重机安全使用

1）司机必须熟悉所操作的塔机的性能，并应严格按说明书的规定作业。

2）司机必须熟练掌握标准规定的通用手势信号和有关的各种指挥信号，必须服从指挥人员的指挥，并与指挥人员密切配合。

3）塔机不得超载作业，严禁用吊钩直接吊挂重物，吊钩必须用吊具、索具吊挂重物，重物的吊挂必须牢靠。

4）吊运重物时，不得猛起猛落，以防吊运过程中发生散落、松绑、偏斜等情况；起吊时必须先将重物吊离地面 0.5m 左右停住，确定制动、物料捆扎、吊点和吊具无问题后，方可按照指挥信号操作。

5）作业中平移起吊重物时，重物高出其所跨越障碍物的高度不得小于1m。

6）不得起吊带人的重物，禁止用塔机吊运人员。

7）起升或下降重物时，重物下方禁止有人通行或停留。

图1-40　汽车起重机结构图

1—行驶驾驶室；2—起重操作驾驶室；3—顶臂油缸；4—吊钩；5—支腿；6—回转卷扬机构；7—起重臂；8—钢丝绳；9—汽车底盘

2. 汽车起重机

汽车起重机是装在普通汽车底盘或特制汽车底盘上的一种起重机，如图1-40所示，其行驶驾驶室与起重操纵室分开设置。这种起重机的优点是机动性好，转移迅速。缺点是工作时需支腿，不能负荷行驶，也不适合在松软或泥泞的场地上工作。

（1）汽车起重机分类

1）按额定起重量分，一般额定起重量15t以下的为小吨位汽车起重机，额定起重量16～25t的为中吨位汽车起重机，额定起重量26t以上的为大吨位汽车起重机。

2）按吊臂结构分为定长臂汽车起重机、接长臂汽车起重机和伸缩臂汽车起重机三种。

定长臂汽车起重机多为小型机械传动起重机，采用汽车通用底盘，全部动力由汽车发动机供给。

接长臂汽车起重机的吊臂由若干节臂组成，分基本臂、顶臂和插入臂，可以根据需要，在停机时改变吊臂长度。由于桁架臂受力好，迎风面积小，自重轻，是大吨位汽车起重机的主要结构形式。

伸缩臂液压汽车起重机，其结构特点是吊臂由多节箱形断面的臂互相套叠而成，利用装在臂内的液压缸可以同时或逐节伸出或缩回。全部缩回时，可以有最大起重量；全部伸出时，可以有最大起升高度或工作半径。

3）按动力传动分为机械传动、液压传动和电力传动三种。施工现场常用的是液压传动汽车起重机。

（2）汽车起重机基本参数

汽车起重机的基本参数包括尺寸参数、质量参数、动力参数、行驶参数、主要性能参数及工作速度参数等。

1）尺寸参数：整机长、宽、高，第一、二轴距，第三、四轴距，一轴轮距，二、三轴轮距。

2）质量参数：行驶状态整机质量，一轴负荷，二、三轴负荷。

3）动力参数：发动机型号，发动机额定功率，发动机额定扭矩，发动机额定转速，最高行驶速度。

4）行驶参数：最小转弯半径，接近角，离去角，制动距离，最大爬坡能力。

5）性能参数：最大额定起重量，最大额定起重力矩，最大起重力矩，基本臂长，最长主臂长度，副臂长度，支腿跨距，基本臂最大起升高度，基本臂全伸最大起升高度，（主臂+副臂）最大起升高度。

6）速度参数：起重臂变幅时间（起、落），起重臂伸缩时间，支腿伸缩时间，主起升速度，副起升速度，回转速度。

（3）汽车起重机安全使用

汽车起重机作业应注意以下事项：

1）启动前，应检查各安全保护装置和指示仪表是否齐全、有效，燃油、润滑油、液压油及冷却水是否添加充足，钢丝绳及连接部位是否符合规定，液压、轮胎气压是否正常，各连接件有无松动。

2）起重作业前，检查工作地点的地面条件。地面必须具备能使起重机呈水平状态，并能充分承受作用于支腿的压力条件；注意地基是否松软，如较松软，必须给支腿垫好能承载的枕木或钢板；支腿必须全伸，并将起重机调整成水平状态；当最长臂工作时，风力不得大于5级；起重机吊钩重心在起重作业时不得超过回转中心与前支腿（左右）接地中心线的连线；在起重量指示装置有故障时，应按起重性能表确定起重量，吊具重量应计入总起重量。

3）吊重作业时，起重臂下严禁站人，禁止吊起埋在地下的重物或斜拉重物以免承受侧载；禁止使用不合格的钢丝绳和起重链；根据起重作业曲线，确定工作半径和额定起重量，调整臂杆长度和角度；起吊重物中不准落臂，必须落臂时应先将重物放至地面，小油门落臂、大油门抬臂后，重新起吊；回转动作要平稳，不准突然停转，当吊重接近额定起重量时不得在吊物离地面0.5m以上的空中回转；在起吊重载时应尽量避免吊重变幅，起重臂仰角很大时不准将吊物骤然放下，以防后倾。

4）不准吊重行驶。

3. 履带起重机

履带起重机操纵灵活，本身能回转360°，在平坦坚实的地面上能负荷行驶。由于履带的作用，接触地面面积大，通过性好，可在松软、泥泞的场地作业，可进行挖土、夯土、打桩等多种作业，适用于建筑工地的吊装作业。但履带起重机稳定性较差，行驶速度慢且履带易损坏路面，转移时多用平板拖车装运。

（1）履带起重机结构组成

履带起重机由动力装置、工作机构以及动臂、转台、底盘等组成，如图1-41所示。

1）动臂

动臂为多节组装桁架结构，调整节数后可改变长度，其下端铰装于转台前部，顶

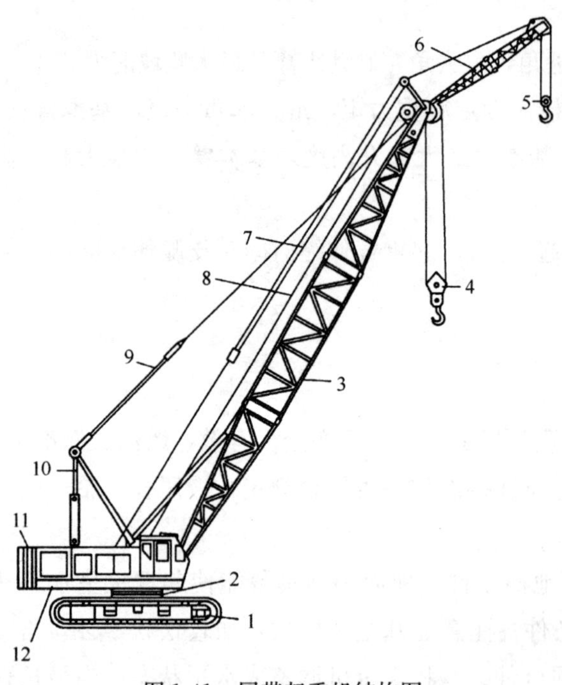

图 1-41 履带起重机结构图

1—履带底盘；2—回转支承；3—动臂；4—主吊钩；5—副吊钩；6—副臂；7—副臂固定索；8—起升钢丝绳；9—动臂变幅滑轮组；10—门架；11—平衡重；12—转台

端用变幅钢丝绳滑轮组悬挂支承，可改变其倾角。也有在动臂顶端加装副臂的，副臂与动臂成一定夹角。起升机构有主、副两套卷扬系统，主卷扬系统用于动臂吊重，副卷扬系统用于副臂吊重。

2）转台

转台通过回转支承装在底盘上，可将转台上的全部重量传递给底盘，其上部装有动力装置、传动系统、卷扬机、操纵机构、平衡重和操作室等。动力装置通过回转机构可使转台作 360°回转。回转支承由上、下滚盘和其间的滚动件（滚球、滚柱）组成，可将转台上的全部重量传递给底盘，并保证转台的自由转动。

3）底盘

底盘包括行走机构和动力装置。行走机构由履带架、驱动轮、导向轮、支重轮、托链轮和履带轮等组成。动力装置通过垂直轴、水平轴和链条传动使驱动轮旋转，从而带动导向轮和支重轮，实现整机沿履带行走。

（2）履带起重机基本参数

履带起重机的主要技术参数包括主臂工况、副臂工况、工作速度数据、发动机参数、结构重量等，见表 1-10。

履带起重机性能参数 **表 1-10**

项目	性能指标	单位
主臂工况	额定起重量	t
	最大起重力矩	t・m
	主臂长度	m
	主臂变幅角	(°)
主臂带超起工况	额定起重量	t
	最大起重力矩	t・m
	主臂长度	m
	超起桅杆长度	m
	主臂变幅角	(°)

续表

项目	性能指标	单位
变幅副臂工况	额定起重量	t
	主臂长度	m
	副臂长度	m
	最长主臂+最长变幅副臂	m
	主臂变幅角	(°)
	副臂变幅角	(°)
变幅副臂带超起工况	额定起重量	t
	主臂长度	m
	副臂长度	m
	最长主臂+最长变幅副臂	m
	超起桅杆长度	m
	主臂变幅角	(°)
	副臂变幅角	(°)
速度数据	主（副）卷扬绳速	m/min
	主变幅绳速	m/min
	副变幅绳速	m/min
	超起变幅绳速	m/min
	回转速度	m/min
	行走速度	km/h
发动机	输出功率	kW
	额定转速	r/min
重量	整机重量（基本臂）	t
	后配重+中央配重+超起配重	t
	最大单件运输重量	t
	运输尺寸（长×宽×高）	mm
接地比压		MPa

(3) 履带起重机安全使用

履带起重机应在平坦坚实的地面上作业、行走和停放。正常作业时，坡度不得大于3°，并应与沟渠、基坑保持安全距离。

1）作业时，起重臂的最大仰角不得超过出厂规定。当无资料可查时，不得超过78°；变幅应缓慢平稳，严禁在起重臂未停稳前变换挡位；起重机载荷达到额定起重量的 90%及以上时，严禁下降起重臂；在起吊载荷达到额定起重量的 90%及以上时，升降动作应慢速进行，并严禁同时进行两种以上动作。

2）起吊重物时应先稍离地面试吊，当确认重物已挂牢，起重机的稳定性和制动器的可靠性均良好时，再继续起吊。在重物起升过程中，操作人员应把脚放在制动踏板上，密切注意起升重物，防止吊钩冒顶。当起重机停止运转而重物仍悬在空中时，即使制动踏板被固定，仍应脚踩在制动踏板上。

3）采用双机抬吊作业时，应选用起重性能相似的起重机进行。抬吊时应统一指挥，动作应配合协调；载荷应分配合理，起吊重量不得超过两台起重机在该工况下允许起重量总和的 75%，单机载荷不得超过允许起重量的 80%；在吊装过程中，起重机的吊钩滑轮组应保持垂直状态。

4）多机抬吊（多于 3 台）时，应采用平衡轮、平衡梁等调节措施来调整各起重机的受力分配，单机的起吊载荷不得超过允许载荷的 75%。多台起重机共同作业时，应统一指挥，动作应配合协调。

5）起重机如须带载行走时，载荷不得超过允许起重量的 70%，行走道路应坚实平整，重物应在起重机正前方向，重物离地面不得大于 500mm，并应拴好拉绳，缓慢行驶。严禁长距离带载行驶。

6）起重机行走时，转弯不应过急；当转弯半径过小时，应分次转弯；当路面凹凸不平时，不得转弯。

7）起重机上下坡道时应无载行走，上坡时应将起重臂仰角适当放小，下坡时应将起重臂仰角适当放大。严禁下坡空挡滑行。

8）作业后，起重臂应转至顺风方向并降至 40°～60°之间，吊钩应提升到接近顶端的位置，关停内燃机，将各操纵杆放在空挡位置，各制动器加保险固定，操纵室应关门加锁。

1.6.2 起重机的基本参数

起重机的基本参数是表征起重机工作性能的指标，也是选用起重机械的主要技术依据，它包括起重量、起重力矩、起升高度、幅度、工作速度、结构重量和结构尺寸等。

1. 起重量

起重量是吊钩能吊起的重量，其中包括吊索、吊具及容器的重量。起重机允许起升物料的最大起重量称为额定起重量。通常情况下所讲的起重量，都是指额定起重量。

对于幅度可变的起重机，如塔式起重机、汽车起重机、履带起重机、门座起重机等臂架型起重机，起重量因幅度的改变而改变，因此每台起重机都有自己本身的起重量与起重幅度的对应表，称起重特性表。

在起重作业中，了解起重设备在不同幅度处的额定起重量非常重要，在已知所吊物体重量的情况下，根据特性表和曲线就可以得到起重的安全作业距离（幅度）。

2. 起重力矩

起重量与相应幅度的乘积称为起重力矩，惯用计量单位为t·m（吨·米），标准计量单位为kN·m。换算关系：1t·m=10kN·m。额定起重力矩是起重机工作能力的重要参数，它是起重机工作时保持其稳定性的控制值。起重机的起重量随着幅度的增加而相应递减。

3. 起升高度

起重机吊具最高和最低工作位置之间的垂直距离称为起升范围。起重吊具的最高工作位置与起重机的水准地平面之间的垂直距离称为起升高度，也称吊钩有效高度。塔机起升高度为混凝土基础表面（或行走轨道顶面）到吊钩的垂直距离。

4. 幅度

起重机置于水平场地时，空载吊具垂直中心线至回转中心线之间的水平距离称为幅度，当臂架倾角最小或小车离起重机回转中心距离最大时，起重机幅度为最大幅度；反之为最小幅度。

5. 工作速度

工作速度按起重机工作机构的不同主要包括起升（下降）速度、起重机（大车）运行速度、变幅速度和回转速度等。

(1) 起升（下降）速度是指稳定运动状态下，额定载荷的垂直位移速度（m/min）。

(2) 起重机（大车）运行速度是指稳定运行状态下，起重机在水平路面或轨道上带额定载荷的运行速度（m/min）。

(3) 变幅速度是指稳定运动状态下，吊臂挂最小额定载荷，在变幅平面内从最大幅度至最小幅度的水平位移平均速度（m/min）。

(4) 回转速度是指稳定运动状态下，起重机转动部分的回转速度（r/min）。

6. 结构尺寸

起重机的结构尺寸可分为行驶尺寸、运输尺寸和工作尺寸，可保证起重机械的顺利转场和工作时的环境适应。

1.6.3 起重机的选择

(1) 起重机的稳定性在很大程度上和起重量与回转半径之间的变化有关。当起重臂杆长度不变时，回转半径的长短决定了起重机起重量的大小。回转半径增加则起重量相应减小；回转半径减少则起重量相应增大。对于动臂式起重机，起重臂杆的仰角变小，即回转半径增加，则起重量相应减小；起重臂杆的仰角变大，即回转半径减少，则起重量相应增大。

（2）建筑物的高度以及构件吊装高度决定着起重机的起升高度。制定吊装方案选择起重机时，在决定起重机的最高有效施工起升高度情况下，还要对起重机的起重量、回转半径作综合的考虑。不片面强调某一因素，必须根据施工现场的地形条件和结构情况、构件安装高度和位置以及构件的长度、绑扎点等，核算出起重机所需的回转半径和起重臂杆长度，再根据需要的回转半径和起重臂杆长度来选择适当的起重机。

2 物料提升机基础知识

2.1 物料提升机基本概述

物料提升机是建筑垂直运输机械的一种，用于建筑施工中的砖、瓦、砂浆、混凝土等建筑材料及中小型构（配）件的垂直运输和设备安装等施工环节。其构造简单，形式多样，制作容易，安装、拆卸和使用方便，价格低，因此在中小型建筑工地作为主要的垂直运输设备被广泛使用。物料提升机自诞生后长期作为建筑施工企业可自制的简易机具设备，而后逐步发展成为完全意义上的建筑起重机械设备。

2.2 物料提升机的类型

（1）按结构形式的不同，物料提升机可分为龙门架式物料提升机和井架式物料提升机。如图 2-1 所示。

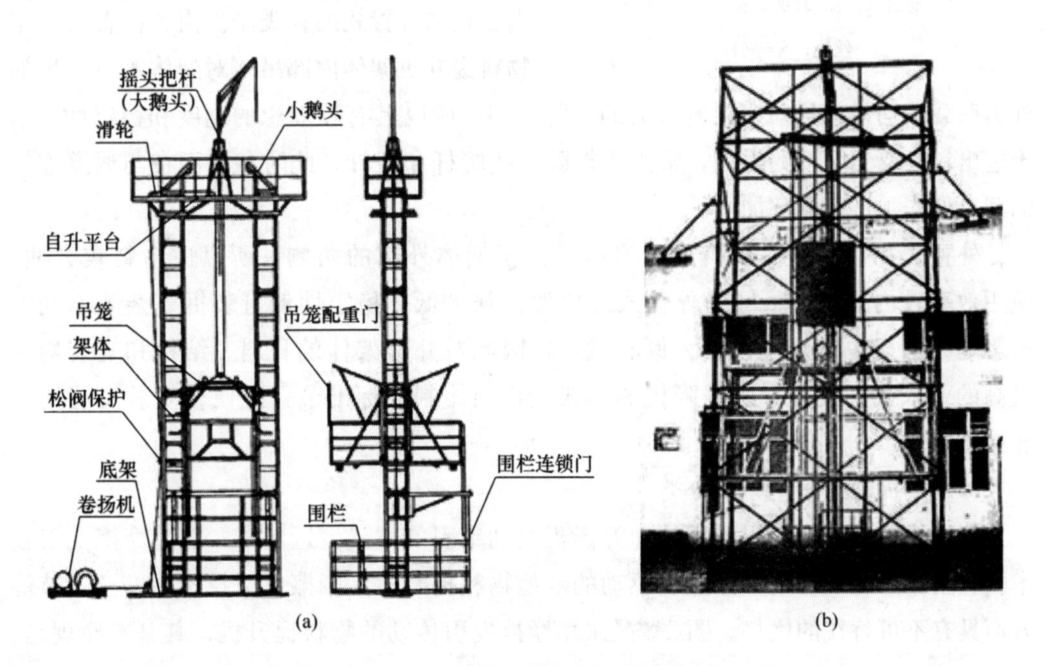

图 2-1　按结构形式物料提升机分类

（a）龙门架式物料提升机；（b）井架式物料提升机

1）龙门架式物料提升机：以地面卷扬机为动力，由两根立柱与天梁构成门架式架体、吊篮（吊盘）在两立柱间沿轨道作垂直运动的提升机。

2）井架式物料提升机：以地面卷扬机为动力，由型钢组成井字架体、吊盘（吊篮）在井孔内或架体外侧沿轨道作垂直运动的提升机。

（2）按架设高度的不同，物料提升机可分为高架物料提升机和低架物料提升机。

1）架设高度在 30m（含 30m）以下的物料提升机为低架物料提升机。

2）架设高度在 30m（不含 30m）至 150m 的物料提升机为高架物料提升机。

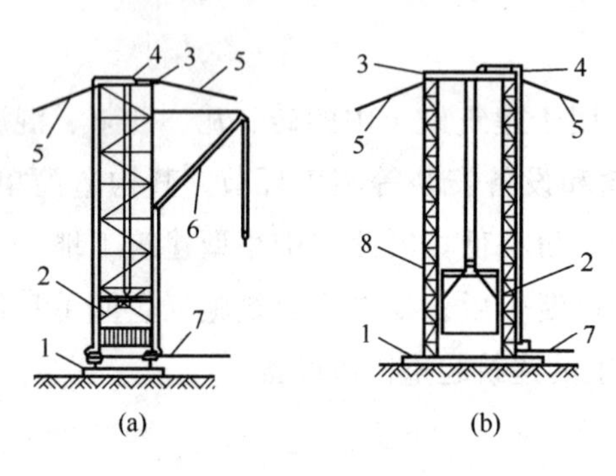

图 2-2　单笼物料提升机

（a）单笼型井架物料提升机；

（b）单笼型龙门架物料提升机

1—基础；2—吊笼；3—天梁；4—滑轮；5—缆风绳；6—摇臂把杆；7—卷扬钢丝绳；8—立柱

（3）根据提升机吊笼数量的不同，可将其分为单笼和双笼两种类型。单笼型井架物料提升机，吊笼位于井架架体内部或一侧，如图 2-2(a) 所示；单笼型龙门架物料提升机由两根立柱和一根天梁组成，吊笼在两立柱间上下运行，如图 2-2(b) 所示；双笼型龙门架物料提升机由三根立柱和两根横梁组成，两个吊笼分别在两立柱间的空间内上下运行；双笼型井架物料提升机的两个吊笼则分别位于井架架体的两侧。

（4）按照吊笼的位置不同，可将其分为内置式和外置式两种类型。由于内置式井架物料提升机架体内部吊笼对架体本身产生的外力荷载较均匀，且井架内有较大的升降空间，所以具有较理想的刚度和稳定性。由于进出料处要受缀杆的阻挡，常需要拆除一些缀杆和腹杆，此时各层面在与通道连接的开口处均须进行局部加固。

外置式井架物料提升机的吊笼由于位于架体外部的两侧，所以进出料较方便，使用效率较内置式高，但受外置式井架架体强度低、稳定性低且装拆复杂等不利因素影响；运行中对架体有较大偏心载荷，因此对井架架体的材料、结构和安装均有较高的要求，一般可参照升降机的形式，将架体制成标准节，既便于安装又能提高连接强度。

（5）按提升机驱动原理分类

传统的物料提升机均采用地面卷扬机驱动牵引的方式。近年来，随着摩擦曳引技术的应用，出现了使用摩擦曳引驱动的新型物料提升机。摩擦曳引技术在安全、节能方面具有不可替代的优势。图 2-3 是采用摩擦曳引传动的物料提升机，其基本原理是：用 3～4 根钢丝绳两端分别挂有吊篮和对重块，用曳引轮的摩擦力驱动，其动力消耗为同样起重量的卷扬机牵引方式的一半。

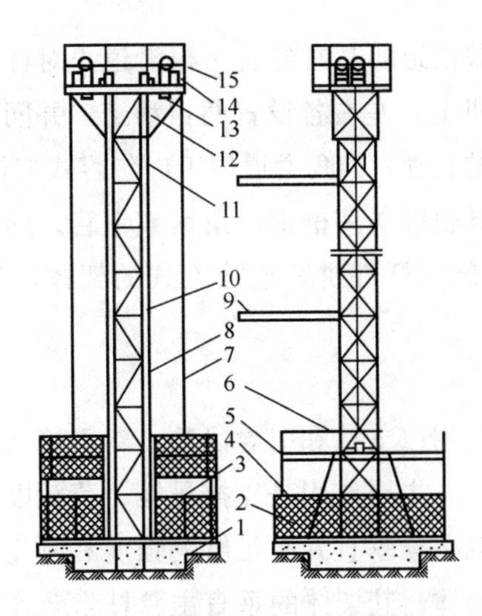

图 2-3 摩擦曳引传动物料提升机

1—基础；2—底座；3—围栏门；4—围栏；5—吊篮；6—防坠装置；7—钢丝绳；8—标准节；9—附墙；10—对重导轨；11—对重块；12—自升平台；13—定滑轮；14—曳引机；15—栏杆

2.3 物料提升机的构造

物料提升机的基本结构一般由底架、导轨、吊笼、防护设施、动力与传动装置、电气系统、安全装置等组成（图 2-4）。

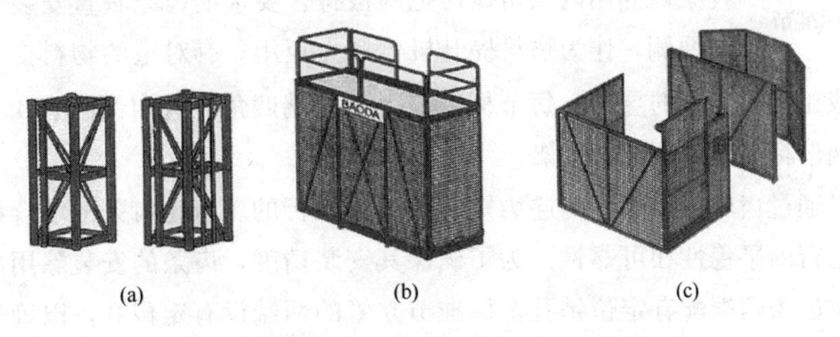

图 2-4 物料提升机的导轨架、吊笼及防护围栏

(a) 导轨架；(b) 吊笼；(c) 防护围栏

2.3.1 底架

架体的底部设有底架（地梁），用于架体（立柱）与基础的连接。

2.3.2 导轨

1. 导轨

导轨是为吊笼上下运行提供导向的部件。导轨按滑道的数量和位置，可分为单滑道、双滑道和四角滑道。单滑道即左右各有一根滑道，对称设置于架体两侧；双滑道一般用于两柱式物料提升机上，左右各设置两根滑道，并间隔相当于立柱单肢间距的宽度，可减少吊笼运行中的晃动；四角滑道用于内包容式架体，设置在架体内的四角，可使吊笼较平稳地运行。导轨可采用槽钢、角钢或钢管。标准节连接式的架体，其架体的垂直主弦杆常兼作导轨。杆件拼装连接方式的架体，其导轨常用连接板及螺栓连接。

2. 导轨架

物料提升机的导轨架是用以支撑和引导吊笼、对重等装置运行的金属构架。它是物料提升机的主体结构之一，主要作用是支撑吊笼、荷载以及平衡重，并对吊笼运行进行垂直导向，因此导轨架必须垂直并有足够的强度和刚度。导轨可采用槽钢、角钢或钢管。标准节连接式的架体，其架体的垂直主弦杆常兼作导轨。杆件拼装连接方式的架体，其导轨常用连接板及螺栓连接。

3. 标准节

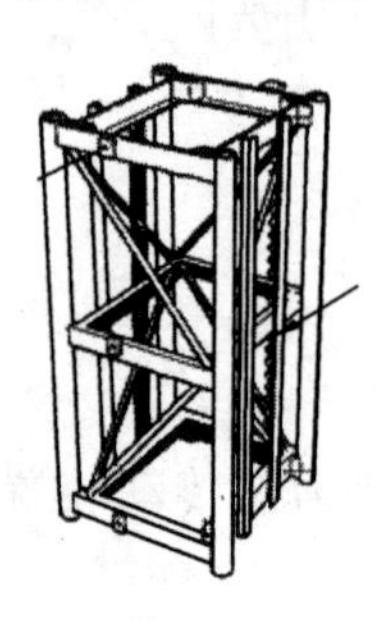

图 2-5　标准节

标准节（图 2-5）的截面一般有方形、三角形等，常用的是方形。标准节由四根布置在四角作为立管的钢管及作为水平杆、斜腹杆的角钢、圆钢焊接而成。

（1）齿轮齿条式物料提升机标准节

齿轮齿条式物料提升机标准节一般长度为 1508mm 的方形格构柱架，并用内六角螺栓把两根符合要求的齿条垂直安装在立柱的左右两侧，作为物料提升机传递力矩用。有对重的物料提升机在立柱前后焊接或组装有对重的导轨，每节标准节上下两端四角立管内侧配有 4 个孔，用来连接上下两节标准节或顶部天轮架。

吊笼是通过齿轮齿条啮合传递力矩实现上下运行的。齿轮齿条的啮合精度直接影响到吊笼运行的平稳性和可靠性。为了确保其安装精度，齿条的安装除用高强度螺栓固定，还在齿条两端配有定位销孔，标准节立管的两端设有定位孔，以确保导轨的平直度。

（2）钢丝绳式标准节

钢丝绳式标准节与齿轮齿条式标准节基本相同，只是局部不同。钢丝绳式标准节有两种形式，一种是标准节上比齿轮齿条式标准节少传递力矩用的齿条，带有对重导轨；另一种是既没有传递力矩用的齿条，也没有对重导轨。

导轨和标准节要求：

（1）物料提升机导轨架的长细比不应大于 150，井架结构的长细比不应大 180。

（2）当立管壁厚减少量为出厂厚度的 25%时，标准节应予报废或按立管壁厚规格降级使用。

（3）当标准节采用螺栓连接时，螺栓直径不应小于 M12，强度等级不宜低于 8.8 级。

（4）导轨架和标准节及其附件应保持完整、完好。

2.3.3 吊笼

吊笼（图 2-6）是物料提升机用来运载货物的笼形部件以及用来运载物料的带有侧护栏的平台或斗状容器的总称，一般由型钢、钢板和钢板网等焊接而成，再铺 50mm 厚木板或焊有防滑钢板作吊笼底板。

吊笼结构应符合下列规定：

（1）吊笼内净高度不应小于 2m，吊笼门及两侧立面应全高度封闭；底部挡脚板高度不应小于 180mm，且宜采用厚度不小于 1.5mm 的冷轧钢板。

（2）吊笼门及两侧立面宜采用网板结构，孔径应小于 25mm。吊笼门的开启高度不应低于 1.8m；其任意 $500mm^2$ 的面积上作用 300N 的力，在边框任意一点作用 1kN 的力时，不应产生永久变形。

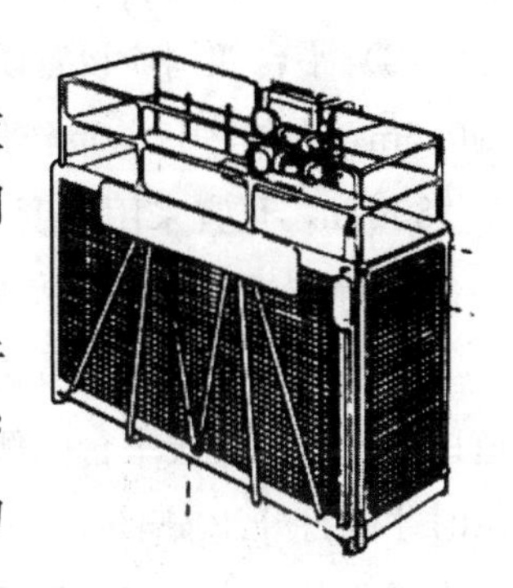

图 2-6 吊笼

（3）吊笼应有足够刚性的导向装置以防止脱落和卡住。

（4）吊笼顶部宜采用厚度不小于 1.5mm 的冷轧钢板，并应设置钢骨架；在任意 $0.01m^2$ 的面积上作用 15kN 的力时，不应产生永久变形。

（5）吊笼底板应有防滑、排水功能；其强度在承受 125％额定荷载时，不应产生永久变形；底板宜采用厚度不小于 50mm 的木板或不小于 1.5mm 的钢板。

（6）吊笼门应设有电气安全开关，当门未完全关闭时，该开关应能有效切断控制回路电源，使吊笼停止或无法启动。

（7）吊笼应采用滚动导靴。

（8）吊笼的结构强度应满足坠落试验要求。

（9）吊笼上最高一对安全钩应处于最低驱动齿轮之下。

2.3.4 防护设施

物料提升机的防护设施包括防护围栏、停层平台及停层安全门、进料口防护棚等。

1. 防护围栏

地面防护围栏是地面上包围吊笼的防护围栏，其主要作用是防止吊笼离开基础平台后人或物进入基础平台。防护围栏主要由围栏门框、接长墙板、侧墙板、后墙板和围栏门等组成，墙板的底部固定在基础埋件或连接在基础底架上，前后墙板由可调螺杆与导轨架连接，可调整门框和墙板垂直度。围栏门框上还装有围栏门的对重和对重装置以及围栏门的机电联锁装置。

防护围栏要求：

（1）物料提升机地面进料口应设置防护围栏，围栏高度不应小于1.8m，围栏立面可采用网板结构，其任意500mm^{2}的面积上作用300N的力，在边框任意一点作用1kN的力时，不应产生永久变形。

（2）进料口门的开启高度不应小于1.8m，其任意500mm^{2}的面积上作用300N的力，在边框任意一点作用1kN的力时，不应产生永久变形；进料口门应装有电气安全开关，吊笼应在进料口门关闭后才能启动。

（3）平台四周应设置防护栏杆，上栏杆高度宜为1.0～1.2m，下栏杆高度宜为0.5～0.6m，在栏杆任一点作用1kN的水平力时，不应产生永久变形；挡脚板高度不应小于180mm，且宜采用厚度不小于1.5mm的冷轧钢板。

2. 停层平台及停层安全门

为避免施工作业人员进入运料通道时不慎坠落，宜在每层设置停层平台并在楼通道口设置仅向停层平台内侧开启且处于常闭状态的安全门或栏杆，只有在吊笼运行到位时才能打开。安全门宜采用连锁装置，门或栏杆的强度应能承受1kN（100kg左右）的水平荷载。作业层脚手板应铺满、铺稳、铺实。其板的两端均应固定于支承杆件上。

停层平台及平台门应符合下列规定：

（1）停层平台的搭设应符合现行行业标准《建筑施工扣件式钢管脚手架安全技术规范》JGJ 130—2011及其他相关标准的规定，并应能承受3kN/m^{2}的荷载。

（2）停层平台外边缘与吊笼门外缘的水平距离不宜大于100mm，与外脚手架外侧立杆（当无外脚手架时与建筑结构外墙）的水平距离不宜小于1m。

（3）平台四周应设置防护栏杆，上栏杆高度宜为1.0～1.2m，下栏杆高度宜为0.5～0.6m，在栏杆任一点作用1kN的水平力时，不应产生永久变形；挡脚板高度不应小于180mm，且宜采用厚度不小于1.5mm的冷轧钢板。

（4）平台门应采用工具式、定型化，平台门及两侧立面宜采用网板结构，孔径应小于25mm。平台门的开启高度不应低于1.8m；其任意500mm^{2}的面积上作用300N的力，在边框任意一点作用1kN的力时，不应产生永久变形。

（5）平台门的高度不宜小于1.8m，宽度与吊笼门宽度差不应大于200mm，并应安装在台口外边缘处，与台口外边缘的水平距离不应大于200mm。

（6）平台门下边缘以上180mm内应采用厚度不小于1.5mm钢板封闭，与台口上表面的垂直距离不宜大于20mm。

（7）平台门应向停层平台内侧开启，并应处于常闭状态。

3. 进料口防护棚

物料提升机的进料口是运料人员经常出人和停留的地方，吊笼在运行过程中有可能发生坠物伤人事故，因此在地面进料口搭设防护棚十分必要。地面进料口防护棚应设在进料口上方，宽度不小于3m且必须大于通道口宽度，且应大于吊笼宽度，长度必须符合防坠落半径要求。当建筑物超过2层时，物料提升机地面通道上方应搭设防护棚。当建筑物高度超过24m时，应设置双层防护棚。建筑物高度超过24m时，防护棚顶应采用双层防护设置。

2.3.5 动力与传动装置

物料提升机的动力与传动装置主要分为齿轮齿条式、钢丝绳式。

1. 齿轮齿条式物料提升机（图2-7）

齿轮齿条式物料提升机工作原理为：导轨架上固定的齿条和吊笼上的传动齿轮啮合在一起，传动系统安装在吊笼内，传动机构通过电动机、减速器和传动齿轮转动使吊笼做上升、下降运动。

图2-7 齿轮齿条式传动示意图

齿轮和齿条传动的要求：

（1）驱动齿轮和防坠安全器齿轮应直接固定在轴上，不能采用摩擦和夹紧的方法连接。

（2）防坠安全器齿轮位置应低于最低的驱动齿轮。

（3）应采取措施防止异物进入驱动齿轮或防坠安全器齿轮与齿条的啮合区间。

（4）标准节上的齿条连接应牢固，相邻两齿条的对接处，沿齿高方向的阶差不应大于0.3mm。

2. 钢丝绳式物料提升机

钢丝绳式物料提升机传动机构一般采用卷扬机或曳引机。钢丝绳式物料提升机以桁架结构作为导轨架，以卷扬机或曳引机作动力装置，牵引钢丝绳由驱动装置引出，自导轨架内垂直向上，过大梁承力点大滑轮转折向下，定点连接可上下垂直运行的吊笼，由电气控制柜控制驱动装置运转，通过驱动装置正反转动控制牵引钢丝绳的收放，使吊笼沿导轨架的导轨做上下运动，完成建筑施工物料的垂直输送。

3. 卷扬机

卷扬机（图2-8）由机座、减速器、弹性联轴器、制动器、卷筒、电动机和电气设备等部件组成，采用电磁（液压）制动器自动刹车形式。当电源输入后，电动机和电磁制动器电路同时被接通，此时制动器闸瓦打开，电动机开始旋转，将动力经弹性联轴器传入减速器，再由减速器通过联轴器带动卷筒，从而达到工作目的。

建筑卷扬机有慢速（M）、中速（Z）、快速（K）三个系列，建筑施工用物料提升

图 2-8 卷扬机

机配套的卷扬机多为快速系列，卷扬机的卷绳线速度一般为 30～40m/min，钢丝绳端的牵引力一般在 2000kg 以下。卷扬机的设计制作应满足现行国家标准《建筑卷扬机》GB/T 1955—2008 的要求：

（1）卷扬机的牵引力应满足物料提升机设计要求。

（2）卷筒节径与钢丝绳直径的比值不应小于 30。

（3）卷筒两端的凸缘至最外层钢丝绳的距离不应小于钢丝绳直径的两倍。

（4）钢丝绳在卷筒上应整齐排列，端部应与卷筒压紧装置连接牢固。当吊笼处于最低位置时，卷筒上的钢丝绳不应少于 3 圈。

（5）卷扬机应设置防止钢丝绳脱出卷筒的保护装置，该装置与卷筒外缘的间隙不应大于 3mm，并应有足够的强度。

（6）物料提升机严禁使用摩擦式卷扬机。

卷扬机具有结构简单、成本低廉的特点，并可安装在物料提升机的基础底架上，能适应狭窄的施工现场。但与曳引机相比，很难实现多根钢丝绳独立牵引，且容易发生乱绳、脱绳和挤压等现象，其安全可靠性较低。

4. 曳引机

曳引机主要由电动机、减速机、制动器、联轴器、曳引轮、机架等组成。曳引机可分为无齿轮曳引机和有齿轮曳引机两种。物料提升机一般都采用有齿轮曳引机。为了减少曳引机在运动时的噪声和提高平稳性，一般采用蜗杆副为减速传动装置。

曳引机驱动物料提升机是利用钢丝绳在曳引轮绳槽中的摩擦力来带动吊笼升降。曳引机的摩擦力是由钢丝绳压紧在曳引轮绳槽中而产生，压力愈大摩擦力愈大，曳引力大小还与钢丝绳在曳引轮上的包角有关系，包角愈大，摩擦力也愈大，因而物料提升机必须设置对重。

曳引机基本要求：

（1）曳引轮直径与钢丝绳直径的比值不应小于 40，包角不宜小于 150°。

（2）当曳引钢丝绳为 2 根及以上时，应设置曳引力自动平衡装置。

曳引机的特点：

（1）一般为 4～5 根钢丝绳独立并行曳引，因而同时发生钢丝绳断裂造成吊笼坠落的概率很小。但钢丝绳的受力调整比较麻烦，钢丝绳的磨损比卷扬机的大。

（2）对重着地时，钢丝绳将在曳引轮上打滑，即使在上限位安全开关失效的情况下，吊笼一般也不会发生冲顶事故，但吊笼不能提升。

（3）钢丝绳在曳引轮上始终是绷紧的，因此不会脱绳。

（4）吊笼的部分质量由对重平衡，故可以选择较小功率的曳引机，节省能耗。

5. 驱动装置安全技术要求

（1）卷扬机和曳引机在正常工作时，其机外噪声不应大于85dB（A），操作者耳边噪声不应大于88dB（A）。

（2）卷扬机驱动仅允许使用于钢丝绳式无对重的货用物料提升机。

（3）货用物料提升机驱动吊笼的钢丝绳允许用一根，其安全系数不应小于8。额定载重量不大于320kg的物料提升机，钢丝绳直径不应小于6mm；额定载重量大于320kg的物料提升机，钢丝绳直径不应小于8mm。

（4）货用物料提升机采用卷筒驱动时，允许绕多层，多层缠绕时，应有排绳措施。

（5）当吊笼停止在最低位置时，留在卷筒上的钢丝绳不应小于3圈。

（6）卷筒两侧边缘大于最外层绳的高度不应小于直径的两倍。

（7）曳引式驱动物料提升机，当吊笼或对重停止在被其质量压缩的缓冲器上时，提升钢丝绳不应松弛。当吊笼超载25%并以额定提升速度上、下运行和制动时，钢丝绳在曳引轮绳槽内不应产生滑动。

（8）货用物料提升机的驱动卷筒节径、曳引轮节径、滑轮直径与钢丝绳直径之比不应小于1∶20。

（9）制动器应是常闭式，其额定制动力矩，对货用物料提升机，不低于作业时的额定制动力矩的1.5倍。不允许使用带式制动器。

（10）卷筒或曳引轮应有钢丝绳防脱装置，该装置与卷筒或曳引轮外缘的间隙不应大于钢丝绳直径的20%，且不大于3mm。

6. 滑轮要求

（1）滑轮直径与钢丝绳直径的比值不应小于30。

（2）滑轮应设置防钢丝绳脱出装置，并应符合《建筑施工物料提升机安全技术规程》DB37/T 5094—2017第4.1.6条的规定。

（3）滑轮与吊笼或导轨架应采用刚性连接。严禁采用钢丝绳等柔性连接或使用开口拉板式滑轮。

7. 钢丝绳要求

（1）钢丝绳的选用应符合现行国家标准《重要用途钢丝绳》GB 8918—2006的规定。钢丝绳的维护、检验和报废应符合现行国家标准《起重机钢丝绳保养、维护、检验和报废》GB/T 5972—2016的规定。

（2）提升吊笼的钢丝绳倍率不得小于2，直径不应小于12mm，安全系数不得小于8。

（3）自升平台钢丝绳直径不应小于8mm，安全系数不应小于12。

（4）安装吊杆钢丝绳直径不应小于6mm，安全系数不应小于8。

（5）牵引钢丝绳端部的固定必须牢固可靠。当采用绳夹时，绳夹规格与绳径应匹配，绳夹数量见表2-1。钢丝绳夹夹座应在钢丝绳长头边，钢丝绳夹的间距不应小于钢丝绳直径的6倍，不得正反交错设置。绳尾端应用细钢丝捆扎，尾端长度应不小于140mm。

与钢丝绳对应的绳夹数量 **表2-1**

钢丝绳直径（mm）	≤19	19～32	32～38
最少绳夹数量	3	4	5

（6）当钢丝绳穿越主要干道时，应挖沟槽并加保护措施，不得在钢丝绳穿行的区域内堆放物料。

（7）当卷筒上的钢丝绳重叠或斜绕时，应停机重新排列。严禁在转动中手拉脚踩钢丝绳。

2.3.6 电气系统

物料提升机的电气系统包括电气控制箱、电气元件、电缆电线及电路保护系统四个部分，前三部分组成了电气控制系统。

1. 电气控制箱

由于物料提升机的动力传动机构大多采用电动机，对运行状态的控制要求较低，控制线路比较简单，电气元件也较少，许多操纵工作台与控制箱做成一个整体。常见的电气控制箱使用薄钢板冲压、折卷、封边等工艺做成，也有使用玻璃钢等材料塑造成型的。

2. 电气元件

物料提升机的电气元件可分为功能元件、控制操作元件和保护元件三类。

（1）功能元件

功能元件是将电源送递执行动作的器件。如声光信号器件、制动电磁铁等。

（2）控制操作元件

控制操作元件是提供适当送电方式，通过功能元件传递，指令物料提升机动作的器件。如继电器（交流接触器）、操纵按钮、紧急断电开关和各类行程开关（上下极限、超载限制器）等，物料提升机禁止使用倒顺开关控制。携带式控制装置应密封、绝缘，控制回路电压不应大于36V，其引线长度不得超过5m。

（3）保护元件

保护元件是保障各元件在电气系统有异常时不受损或停止工作的器件，如短路保护器（断路器）、失压保护器、过电流保护器和漏电保护器等。漏电保护器的额定漏电动作电流应不大于30mA，动作时间应少于0.1s。

3. 电缆电线

(1) 接入电源宜使用五芯电缆线，架空导线离地面的直接距离、离建筑物或脚手架的安全距离均应大于4m。架空导线不得直接固定在金属支架上，也不得使用金属裸线绑扎。

(2) 电控箱内的接线柱应固定牢靠，连线应排列整齐，保持适当间隔；各电气元件、导线与箱壳间以及对地绝缘电阻值，应不小于0.5MΩ。

(3) 如采用便携式操纵装置，应使用有橡胶护套绝缘的多股铜芯电缆线，操纵装置的壳体应完好无损，且有一定的强度和防水性能，电缆引线的长度不得大于5m。

(4) 电缆、电线不得有破损、老化，否则应及时更换。

4. 电路保护系统

(1) 错相断相保护器

电路应设有相序和断相保护器，当电路发生错相或断相时，保护器能通过控制电路及时切断电动机电源，使物料提升机无法启动。

(2) 热继电器

热继电器是电动机的过载保护元件，当电动机发热超过一定温度时，热继电器就及时切断主电路，电动机失电停止转动。

(3) 短路保护

物料提升机出现短路时，短路保护装置可立即使机器停止运动。

(4) 急停按钮

当吊笼在运行过程中发生紧急情况时，司机可按下急停按钮，使吊笼停止运行。急停按钮必须是非自行复位的安全装置。

5. 电气系统设置要求

(1) 物料提升机选用的电气设备及电气元件应符合工作性能、工作环境等条件要求，并有合格证书。

(2) 物料提升机总电源应设短路保护及漏电保护装置：电机的主回路上，应同时装设短路、失压、过电流保护装置。

(3) 物料提升机应设置非自动复位的紧急断电开关。

(4) 物料提升机电气设备的绝缘电阻值不应小于0.5MΩ，电气线路的绝缘电阻值不应小于1MΩ。

(5) 物料提升机应设置避雷装置，金属结构及所有电气设备的金属外壳应可靠接地，接地电阻应不大于10Ω。

(6) 携带式控制装置应密封、绝缘，控制回路电压应不大于36V，其导线长度不得超过5m。

(7) 工作照明开关应与主电源开关相互独立。当主电源被切断时，工作照明不应断电，并应有明显标志。

（8）各开关应有明显标志。不得使用倒顺开关作为物料提升机的控制开关。

（9）物料提升机电气设备的制造和组装，应符合国家现行标准《低压成套开关设备和控制设备第 4 部分：对建筑工地用成套设备（ACS）的特殊要求》GB 7251.4—2017 和《施工现场临时用电安全技术规范（附条文说明）》JGJ 46—2005 的规定。

2.3.7 安全装置

工地上的物料提升机需要专门设置一些安全装置来消除或减少发生故障造成的危害，使之一旦发生意外故障时能立即起作用，保障工作人员的生命安全，避免或减少设备的损坏。物料提升机的安全装置一般有起重量限制器、断绳保护装置、安全停靠装置、上下限位装置、紧急断电开关、缓冲器、通信装置等安全装置。

1. 起重量限制器

起重量限制器也称超载限制器，是一种超载保护安全装置，其功能是当载荷超过额定值时，使起升动作不能实现，从而避免超载。起重量限制器有机械式、电子式等多种类型。机械式超载限制器通过杠杆、弹簧、凸轮等的作用带动撞杆，当超载时，撞杆与开关相碰，切断起升机构的动力源，控制起升机构上升，停止运行；电控式超载限制器通过限载传感器和传输电缆，将载重量变换成电信号，超载时切断起升控制回路电源。当物料提升机吊笼内载荷达到额定起重量的 90％时，起重量限制器应发出报警信号；当吊笼内载荷达到额定起重量的 100％～110％时，起重量限制器应切断提升机上升主电路电源。

2. 断绳保护装置

吊笼装载额定起重量，悬挂或运行中发生断绳时，该装置必须可靠地把吊笼刹制在导轨上，最大制动滑落距离应不大于 200mm，并且不应对结构件造成永久性损坏。断绳保护装置常见的形式有弹闸式防坠装置、夹钳式断绳保护装置、拨杆楔形断绳保护装置、旋撑制动保护装置、惯性楔块断绳保护装置。

（1）弹闸式防坠装置

如图 2-9 所示，其工作原理是当钢丝绳突然断裂时，吊笼发生坠落，弹闸拉索失去张力，防坠装置的弹闸销轴在弹簧的推动下，向两侧伸出，使销轴卡在导轨架上，从而避免吊笼坠落。

（2）夹钳式断绳保护装置

如图 2-10 所示，其工作原理是：当起升钢丝绳发生断裂时，吊笼处于坠落状态，吊笼顶部带有滑轮的平衡梁在吊笼两端长孔耳板内由于自重作用下坠时，防坠装置的一对制动夹钳在弹簧的弹力作用下推动夹钳动作，迅速使夹钳夹紧，将吊笼停止在导轨架上（夹钳两端装有制动片），从而避免了吊笼坠落事故的发生。吊笼正常升降时，

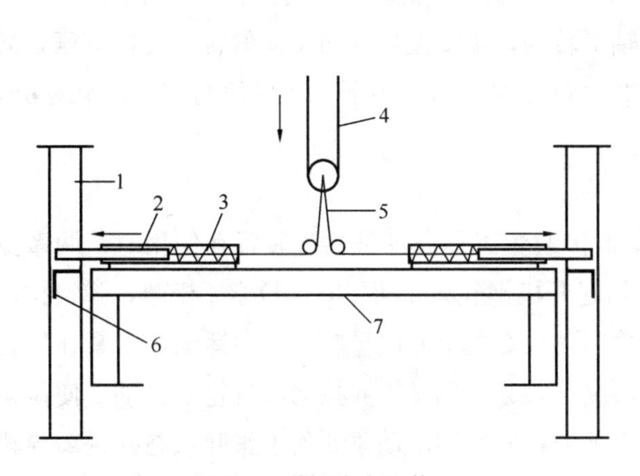

图 2-9 弹闸式防坠装置

1—架体；2—弹闸销轴；3—弹簧；4—起升钢丝绳；5—弹簧拉索；6—架体横缀杆；7—吊笼横梁

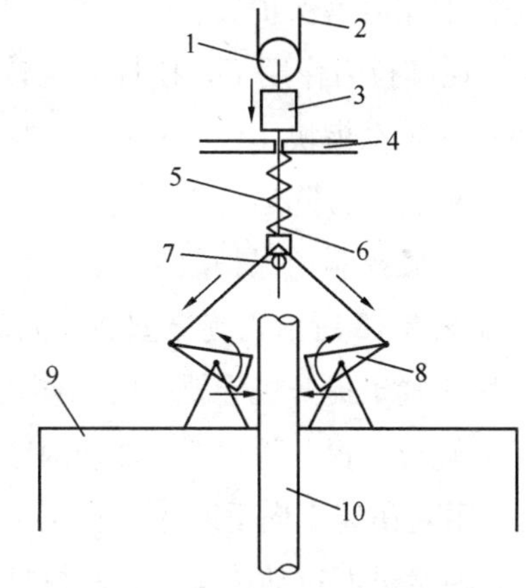

图 2-10 夹钳式断绳保护装置

1—提升滑轮；2—提升钢丝绳；3—平衡梁；4—防坠器架体（固定在吊篮上）；5—弹簧；6—拉索；7—拉环；8—制动夹钳；9—吊篮；10—导轨

吊笼顶端动滑轮平衡梁在吊笼两侧设置的长形耳孔板拉动上移，并通过拉环使防坠装置的弹簧受到压力作用，从而使制动夹钳处于张开状态脱离导轨，吊笼便可自由升降运行。

（3）拨杆楔形断绳保护装置

如图 2-11 所示，其工作原理是：当牵引吊笼的钢丝绳发生断裂时，动滑轮 1 失去钢丝绳牵引，在吊笼自重和弹簧 2 的拉力作用下，促使动滑轮 1 沿耳板 3 的竖向槽孔下坠，使传力钢丝绳 4 松弛，在弹簧 2 的拉力作用下，摆杆 6 绕转轴 7 转动，带动拨杆 8 偏转，拨杆 8 向上挑，通过拨销 9 带动楔块 10 向上运动，在锥度斜面楔块的作用下抱紧架体导轨，使吊笼能迅速有效地制动，防止吊笼坠落事故的发生。当物料提升机处

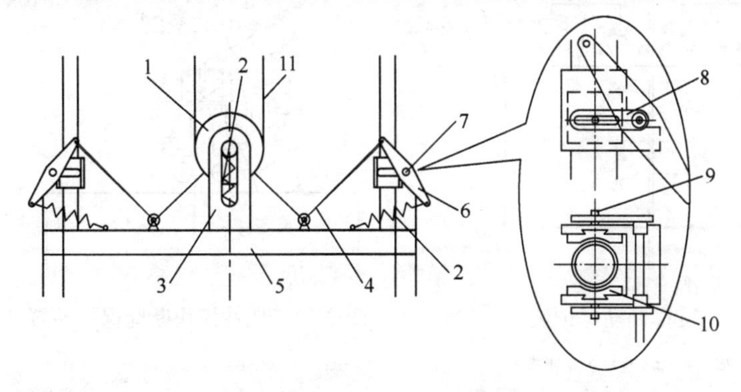

图 2-11 拨杆楔形断绳保护装置

1—动滑轮；2—弹簧；3—耳板；4—传力钢丝绳；5—吊笼；6—摆杆；7—转轴；8—拨杆；9—拨销；10—楔块；11—起升钢丝绳

于正常工作时其保护装置的状态则相反，牵引钢丝绳提起吊笼动滑轮 1，绷紧传力钢丝绳 4，在其拉力作用下，摆杆 6 绕转轴 7 转动，带动拨杆 8 向反向偏转，拨杆下压，通过拨销 9 带动楔块 10 向下动作，在锥度斜面楔块的作用下，使楔块与架体导轨松开，吊笼便可自由升降运行。

（4）旋撑制动保护装置

如图 2-12 所示，旋撑型断绳制动保护装置工作原理是：该装置在使用时，两摩擦制动块 8 置于提升机导轨 3 的两侧，当起升机钢丝绳 6 断裂时，拉索 4 松弛，弹簧拉动拨叉 2 旋转，提起撑杆 7，带动两摩擦制动块 8 向上并向导轨 3 方向运动，卡紧在导轨 3 上，阻止吊笼 1 向下坠落。在正常情况下，起升钢丝绳 6 拉动动滑轮 5 运动，使拉索 4 拉紧弹簧进而拉动拨叉 2 转动撑杆 7 下滑，使摩擦制动块 8 处于张开状态并脱离导轨 3，吊笼 1 便可自由升降运行。

（5）惯性楔块断绳保护装置

惯性楔块断绳保护装置（图 2-13）其工作原理是：当起升钢丝绳 1 突然断裂时，由于导向轮悬挂板 6 突然发生失重，原来受压的悬挂弹簧 5 突然失去原设定的压力，导向轮悬挂板 6 在悬挂弹簧 5 弹力的推动作用下向上运动，带动楔形制动块 8 紧紧夹在导轨 11 上，从而避免发生吊笼坠落事故。当吊笼 10 在设定速度正常升降时，导向轮悬挂板 6 悬挂在悬挂弹簧 5 上，此时悬挂弹簧 5 处于压缩状态，其两侧楔形制动块 8 与导轨 11 自动处于张开状态，吊笼 10 可自由升降运行。

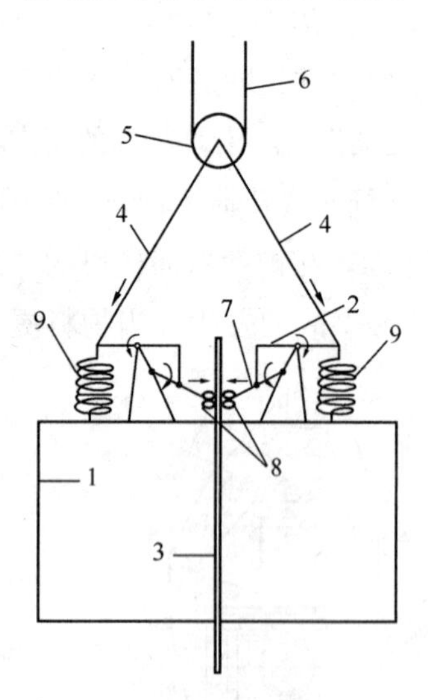

图 2-12 旋撑制动保护装置

1—吊笼；2—拨叉；3—导轨；4—拉索；5—吊笼提升动滑轮；6—起升钢丝绳；7—撑杆；8—摩擦制动块；9—弹簧

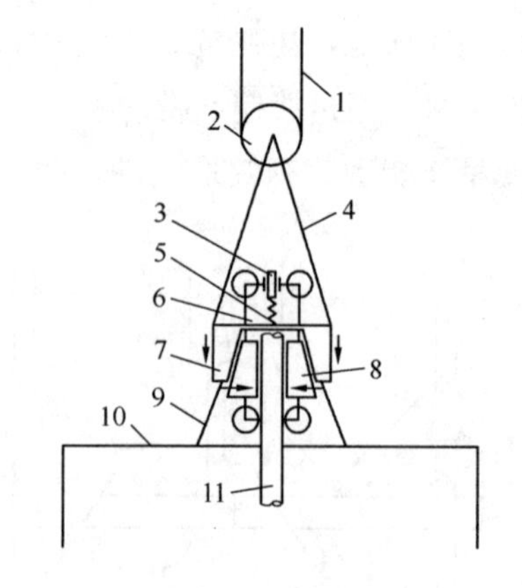

图 2-13 惯性楔块断绳保护装置

1—起升钢丝绳；2—吊笼提升动沿轮；3—调节螺栓；4—拉绳；5—悬挂弹簧；6—导向轮悬挂板；7—制动架；8—楔形制动块；9—支座；10—吊笼；11—导轨

3. 安全停靠装置

安全停靠装置应为刚性机构。运行至各楼层位置装卸载荷时，安全停靠装置应能将吊笼可靠定位。吊笼停靠时，安全停靠装置能可靠承担吊笼自重、额定荷载等全部工作载荷。吊笼停层后地板与停层平台的垂直偏差不应大于50mm。常见的有插销式楼层安全停靠装置、牵引式楼层安全停靠装置、连锁式楼层安全停靠装置三种类型。

(1) 插销式楼层安全停靠装置

插销式楼层安全停靠装置（图2-14）主要是由安装在吊笼两侧和吊笼上端对角线上的悬挂联动插销（注意：要保持联动插销处于良好的润滑状态，确保插销伸缩自由无卡阻现象）、联动杆，转动臂杆和吊笼出料防护门上设置的碰撞块以及设置在井架架体两侧的三角形悬挂支撑托架等部件组成，如图2-14所示。其工作原理是：当吊笼在某一楼层停靠时，作业人员打开吊笼出料防护门，利用出料防护门上的碰撞块推动停靠装置的转动臂杆，并通过联动杆使插销伸出，将吊笼停挂在井架架体上的三角形悬挂支撑托架上。当吊笼出料防护门关闭时，联动杆驱动插销缩回，从三角形悬挂支撑托架上脱离，吊笼可正常升降。上述停靠装置，也可不与门联动，可在靠出料防护门一侧设置操纵手柄，在作业人员进入吊笼前，先拉动手柄推动连杆，使插销伸出，使吊笼停靠悬挂在架体上。当人员从吊笼出来后，恢复手柄位置，插销缩进，此时吊笼可正常升降运行。

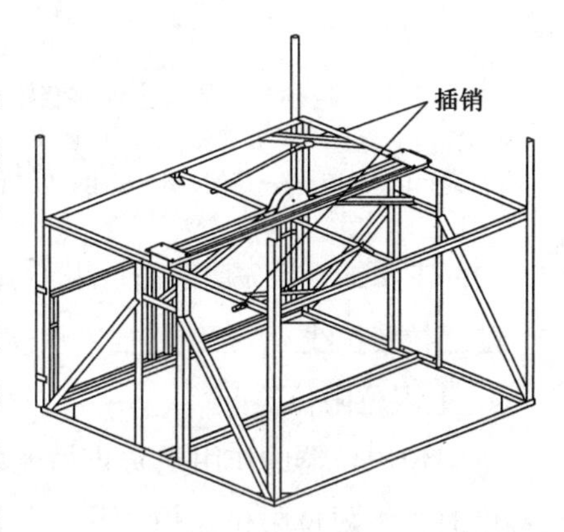

图2-14 插销式楼层安全停靠装置

该装置在使用中应注意：吊笼下降时必须完全将出料门关闭后才能下降；吊笼停靠时必须将门完全打开，才能保证停靠装置插销完全伸出，使吊笼与架体达到可靠的撑、托效果和防止吊笼坠落事故发生。

(2) 牵引式楼层安全停靠装置

牵引式楼层停靠装置（图2-15）的工作原理是利用断绳保护装置作为停靠装置，当吊笼出料防护门8打开时，利用设置在出料防护门8上的碰撞块7推动停靠装置的转动臂6，并通过拉索3来带动楔块抱闸4夹紧导轨2使吊笼5停止下降。它的特点是不需要在架体上安装停靠支架，其缺点是当吊笼的连锁防护门开启不到位或拉绳断裂时，易造成停靠装置失效，因此使用时，应特别注意停靠制动装置的有效性和可靠性。

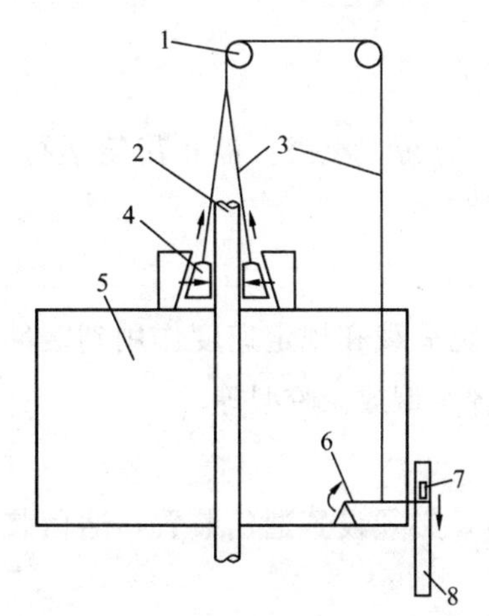

图2-15 牵引式楼层安全停靠装置

1—导向滑轮；2—导轨；3—拉索；4—楔块抱闸；5—吊笼；6—转动臂；7—碰撞块；8—出料防护门

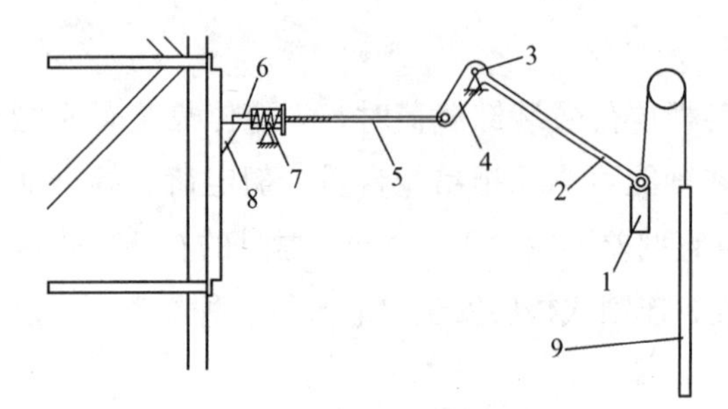

图 2-16　连锁式楼层安全停靠装置

1—吊笼门平衡重；2—拐臂杆；3—转轴；4—拐臂；5—拉绳；6—插销；7—压簧；8—横担；9—吊笼门

（3）连锁式楼层安全停靠装置

图 2-16 为连锁式楼层安全停靠装置示意图，其工作原理是当吊笼到达指定楼层，工作人员进入吊笼之前，要开启上下推拉的出料门。吊笼出料门向上提升时，吊笼门平衡重 1 下降，拐臂杆 2 随之向下摆，带动拐臂 4 绕转轴 3 顺时针旋转，随之放松拉绳 5，插销 6 在压簧 7 的作用下伸出，挂靠在横担 8 上。吊笼升降之前，必须关闭出料门，门向下运动，吊笼门平衡重 1 上升，顶起拐臂杆 2，带动拐臂 4 绕转轴 3 逆时针旋转，随之拉紧拉线 5，拉线将插销从横担 8 上抽回并压缩压簧 7，吊笼便可自由升降。

4. 上限位限位器

上限位限位器的作用是防止吊笼向上提升时发生冲顶事故。当吊笼上升达到上限位高度时，上限位限位器应动作，切断吊笼上升电源，避免发生冲顶事故。此时，吊笼的越程应不小于 3m。

5. 下限位限位器

下限位限位器与上限位限位器同理，当吊笼下降至极限位置之前，限位器即能反应并切断电源，吊笼停止下降，避免发生坠笼事故。物料提升机安装完毕验收时和安全检查时应做动作试验来验证其灵敏可靠性。

6. 吊笼安全门

吊笼应装设安全门。安全门宜采用联锁开启装置。

7. 紧急断电开关

紧急断电开关应为非自动复位型，任何情况下均可切断主电路，停止吊笼运行。紧急断电开关应设在便于司机操作的位置。

8. 缓冲器

缓冲器安装在架体下部底架的地梁上，当吊笼以额定荷载和规定速度作用到缓冲器上时，应能承受相应的冲击力。缓冲器的型式可采用弹簧型或橡胶型等。

9. 通信装置

当司机对吊笼升降运行、停层平台观察视线不清时，必须设置通信装置，通信装置应同时具备语音功能和影像显示功能。

（1）低架物料提升机（30m 以下）使用通信装置

使用通信装置时司机可以清楚地看到各层通道及吊笼内作业情况，司机在通过铃响装置提示作业人员注意安全后，就可操纵卷扬机进行升降作业。

（2）高架物料提升机（30m 以上）使用通信装置

使用通信装置时司机不能清楚地看到各楼层站台和吊笼内的作业情况或交叉作业施工时，应设置专门的信号指挥人员，或在各楼层站加装通信装置。通信装置应是一个闭路的双向通信系统，司机应能听到每一层站的联系，并能向每一层站讲话。

2.4 物料提升机的工作原理

施工现场的物料提升机通常采用电力作为原动力，通过将电能转换成机械能，完成载物运输的过程。其过程可简单表示为：电源→电动机转换为机械能→减速器改变转速和扭力→卷扬机卷筒（或曳引轮）→牵引钢丝绳→滑轮组改变牵引力的方向和大小→吊笼载物升降（或摇杆吊运物料）。

2.4.1 电气控制工作原理

物料提升机的电气控制工作原理是将动力电源通过输配线路连接至设备的电控箱内部，并通过箱体内电路元器件的控制指令将动力电流输送至卷扬电动机，从而实现将电能转换成所需要的机械能。图 2-17 为典型的物料提升机卷扬电气系统控制示意图。图 2-18 为典型物料提升机电气原理详图，电气原理详图中各符号名称见表 2-2。其工作

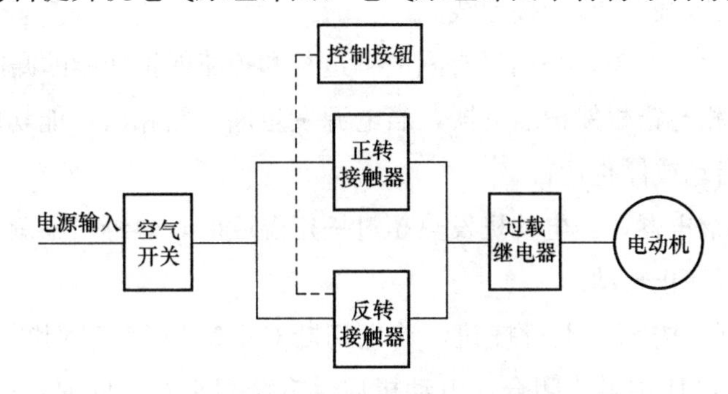

图 2-17 电气系统控制示意图

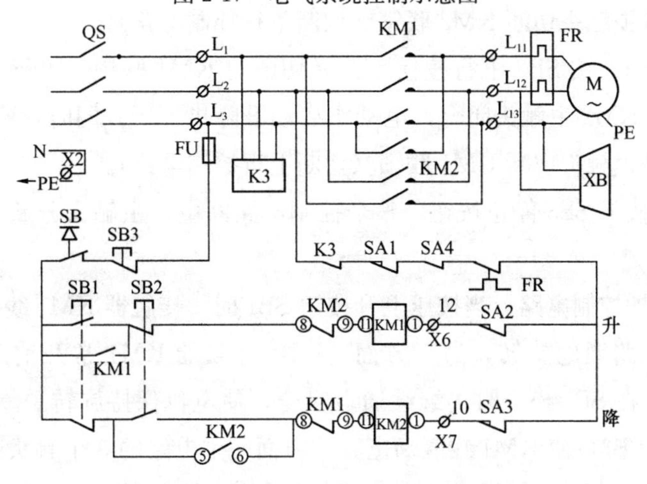

图 2-18 典型物料提升机电气原理详图

原理如下：

物料提升机电器符号名称　　表 2-2

序号	符号	名称	序号	符号	名称
1	SB	紧急断电开关	9	FU	熔断器
2	SB1	上行按钮	10	XB	制动器
3	SB2	下行按钮	11	M	电动机
4	SB3	停止按钮	12	SA1	超载保护装置
5	K3	相序保护器	13	SA2	上限位开关
6	FR	热继电器	14	SA3	下限位开关
7	KM1	上行交流继电器	15	SA4	门限位开关
8	KM2	下行交流继电器	16	QS	电路总开关

（1）物料提升机的动力电源为电压为380V，频率为50Hz的三相交流电。该电源应配置专属的启动开关并应将其设置在独立的控制箱体内部，图2-18中的L_1、L_2、L_3为三相电源，N为零线，PE为接地线。

（2）QS为电路总开关，采用具有漏电、过载和短路保护功能的漏电断路器。

（3）K3为断相与错相保护继电器，当电源发生断、错相时，能切断控制电路，物料提升机就不能启动或停止运行。

（4）FR为热继电器，当电动机发热超过一定温度时，热继电器就会及时切断主电路，电动机则断电停止转动。

（5）上行控制。按SB1上行按钮，首先切断对KM2联锁（切断下行控制电路）；KM1线圈通电，KM1主触头闭合，电动机启动升降机上行。同时，KM1自锁触头闭合自锁，KM1联锁触头切断KM2联锁（切断下行控制电路）。

（6）下行控制。按SB2下行按钮，首先切断对KM1联锁（切断上行控制电路）；KM2线圈通电，KM2主触头闭合，电动机启动升降机下行。同时，KM2自锁触头闭合自锁，KM2联锁触头切断KM1联锁（切断上行控制电路）。

（7）停止。按下SB3停止按钮，整个控制电路断电，主触头分断，主电动机断电停止转动。

（8）失压保护控制电路。当按压上升按钮SB1时，接触器KM1线圈通电，一方面使电机M的主电路通电旋转，另一方面与SB1并联的KM1常开辅助触头吸合，使KM1接触器线圈在SB1松开时仍继续通电吸合，使电机保持旋转。停止电机旋转时，可按压停止按钮SB3，使KM1线圈断电，一方面使主电路的3个触头断开，电机停止旋转；另一方面，KM1自锁触头断开。当将停止按钮松开而恢复接电时，KM1线圈这时已不能自动通电吸合。这个电路若中途发生停电失压、再来电时不会自动工作，只有当重新按压上升按钮，电机才会工作。

（9）双重联锁控制电路。电路中在 KM1 线圈电路中串有一个 KM2 的常闭辅助触头；同样，在 KM2 线圈电路中也串有一个 KM1 的常闭辅助触头，这是保证不同时通电的联锁电路。如果 KM1 吸合，物料提升机在上升时，串在 KM2 电路中的 KM1 常闭辅助触头断开，这时即使按压下降按钮 SB2，KM2 线圈也不会通电工作。上述电路中，不仅 2 个接触器通过常闭辅助触头实现了不同时通电的联锁，同时也利用 2 个按钮 SB1、SB2 的一对常闭触头，实现了不能同时通电联锁。

2.4.2　牵引系统工作原理

电动机借助联轴器将其与减速机中的输入轴相连接，由减速机完成减慢转速，减速器的输出轴与钢丝绳卷筒啮合，驱动卷筒以慢速大扭矩转动，缠卷牵引钢丝绳输出牵引力。当电动机断电时，由常闭式制动器对动力装置产生制动力，锁死电动机轴或减速机输入轴，从而确保钢丝绳卷筒停止转动。

物料提升机的卷扬机与该装置架体的安装位置通常安装在不同的基础上，且两基础应保留一定的间隔距离。吊笼通过将缠绕在卷筒上的钢丝绳将卷扬机产生的旋转扭力转换为使其沿导轨上下升降的直线牵引力。如图 2-19所示，钢丝绳 5 绳从卷筒 6 引出至架体时，首先穿过导向滑轮 3，将水平牵引力变为垂直的力，沿架体到达天梁 4 上的导向滑轮 3（天梁右侧），再改为水平力走向到天梁 4 的另一导向定滑轮 3（天梁左侧），同时将水平力转换为垂直的力，进而牵引提升笼顶动滑轮 2，带动吊笼 1 运动。滑轮与架体、吊笼应采用刚性连接，严禁采用钢丝绳、钢丝等柔性连接，不得使用开口拉板式滑轮。卷筒收卷时，钢丝绳即牵引吊笼上升；卷筒放卷时，吊笼依靠重力下降，完成升降运行过程。

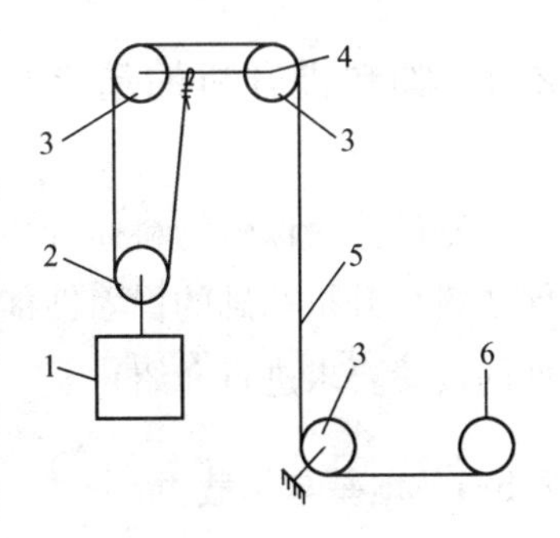

图 2-19　物料提升机牵引示意图

1—吊笼；2—笼顶动滑轮；3—导向滑轮；4—天梁；5—钢丝绳；6—卷筒

同理，物料提升机的摇臂把杆也是依靠钢丝绳牵引完成吊物提升的，摇臂起重拔杆钢丝绳的走向方式，如图 2-20 所示。

曳引式卷扬机与可逆式卷扬机不同，它是依靠钢丝绳与驱动轮之间的摩擦力来传递牵引力。无论吊笼是否载重其牵引钢丝绳必须张紧，才能对驱动轮有压力，从而产生足够的摩擦牵引力。因此，曳引机通常直接设置在架体的底部，除有吊笼外，还须有对重块来保持张力平衡。当吊笼上升时，对重块下降；吊笼下降时，对重块上升。其钢丝绳穿绕方式，如图 2-21 所示。

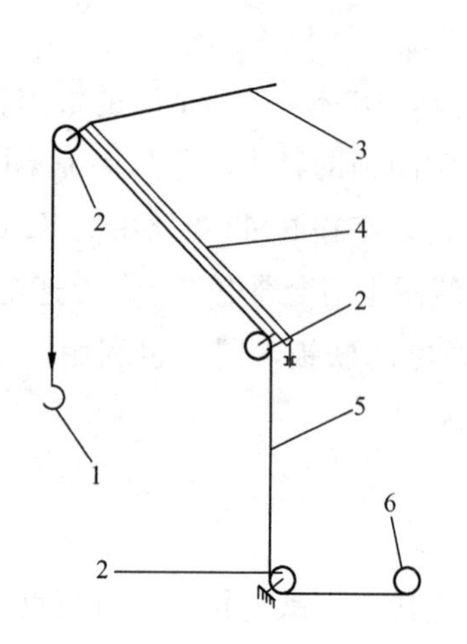

图 2-20　摇臂起重拔杆钢丝绳

1—吊钩；2—导向滑轮；3—把杆缆索；4—把杆；5—起重钢丝绳；6—卷筒

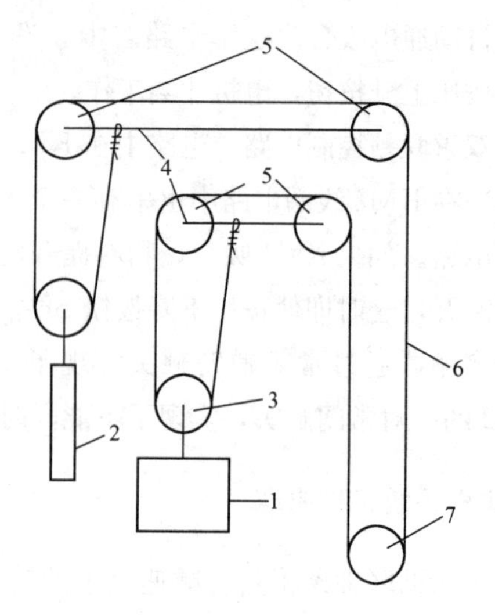

图 2-21　曳引机钢丝绳穿绕示意图

1—吊笼；2—对重块；3—笼顶动滑轮；4—天梁；5—导向滑轮；6—钢丝绳；7—摩擦驱动轮

2.5　物料提升机的基础与稳固

基础作为保障物料提升机安全运行的平台，应具备相应的承载力和稳定性。为确保物料提升机基础的稳固性能，本书主要对其自身承载能力及其附墙架、缆风绳等部件的设置要求进行介绍。

2.5.1　地基与承载力

物料提升机基础所承受的外部荷载主要包括自身架体的自重、载运物料的重量以及缆风绳、牵引绳等产生的附加重力和水平力。对于基础采用的方案，如果施工现场条件与物料提升机设备生产厂家产品说明书中提供的基础方案条件接近时可直接采用，如厂家未规定地基承载力要求时，对于低架提升机，应在清理、夯实、整平基础土层的基础上，对其承载力进行测试并确保该场地的承载力不小于 80kPa。在低洼地点，应在离基础适当距离外，开挖排水沟槽，排除积水。无自然排水条件的，可在基础边设置集水井，使用抽水设备排水。高架提升机的基础应进行设计，计算时应考虑物料、吊具、架体等重力，还必须注意到附加装置和设施产生的附加外力，如安全门、附着杆、钢丝绳、防护设施以及风载荷等产生的影响。当地基承载力不足时，应采取措施，使其达到设计要求。

2.5.2　物料提升机基础

物料提升机的基础应进行设计计算，基础应能可靠地承受最不利工作条件下的全部荷载。基础的埋深与制造，应符合设计和使用说明书的规定。至少要达到下列要求：

（1）土层压实后的承载力，应不小于 80kPa。

（2）基础混凝土强度等级不应小于 C20，厚度不应小于 300mm。

（3）基础表面应平整，水平度偏差不应大于 10mm。

（4）基础周围应有排水设施。

（5）基础的位置应保证视线良好，物料提升机任意部位与建筑物或其他施工设备间的安全距离不应小于 0.6m。

（6）物料提升机机体与基坑（沟、槽）边缘距离不应小于 5m，对于施工过程中会产生较大振动的作业项目，应远离物料提升机机体。如确实无法避让，必须采用保证架体稳定的措施。

2.5.3　物料提升机的稳固

1. 缆风绳

当受施工现场的条件限制，低架物料提升机缆风绳无法设置附墙架时，可采用缆风绳稳固架体。缆风绳的上端与架体连接，下端一般与地锚连接，通过钢丝绳、花篮螺栓适当张紧缆风绳，保持架体垂直和稳定。为保证每组四根缆风绳受力均衡，缆风绳必须采用对角线形式设置，如图 2-22 所示。

缆风绳设置要求：

（1）物料提升机架体在确保本身强度的条件下，为保证整体稳定而采用缆风绳时，高度在 20m 以下可设一组（不少于 4 根），高度在 30m 以下不少于两组（不少于 8 根）。超过 30m 以上高度时禁止采用缆风绳稳固架体的方法，必须采用刚性连墙杆稳固架体措施。

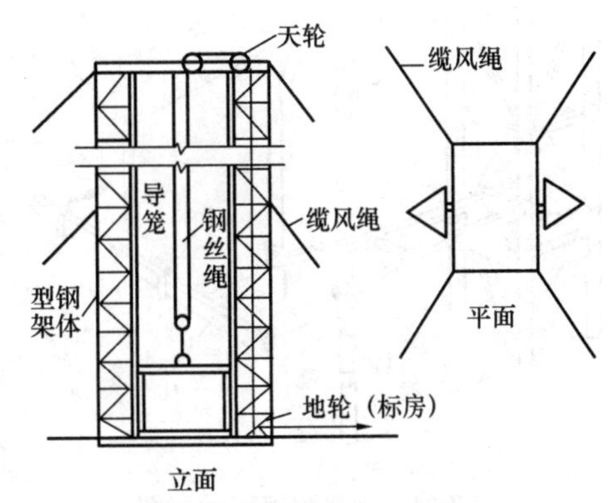

图 2-22　缆风绳设置示意图

（2）缆风绳应根据受力情况经计算确定其材料规格，缆风绳直径不应小于 8mm，安全系数不应小于 3.5。

（3）按照缆风绳的受力工况，必须采用钢丝绳时，不允许采用钢筋、多股铅丝等其他材料替代。

（4）缆风绳应与地面成 45°～60°夹角，与地锚拴牢，不得拴在树木、电杆、堆放的构件上。

2. 附墙装置

附墙架是按一定间距连接导轨架与建筑物或其他固定结构，从而支撑导轨架的构件。当物料提升机安装高度超过最大独立高度后，为保证架体的垂直、稳定和安全，必须安装附墙架。

（1）附墙架的种类

附墙架一般可分为直接附墙架和间接附墙架。直接附墙时，附墙架的一端用U形螺栓和标准节的框架联接，另一端和建筑物连接以保持其稳定性。间接附墙时，附墙架的一端用U形螺栓和标准节的框架联接，另一端两个扣环扣在两根导柱管上，同时用过桥联杆把4根过道竖杆（立管）连接起来，在过桥联杆和建筑物之间用斜支撑等连接成一体。通过调节附墙架可以调整导轨架的垂直度，如图2-23、图2-24所示。

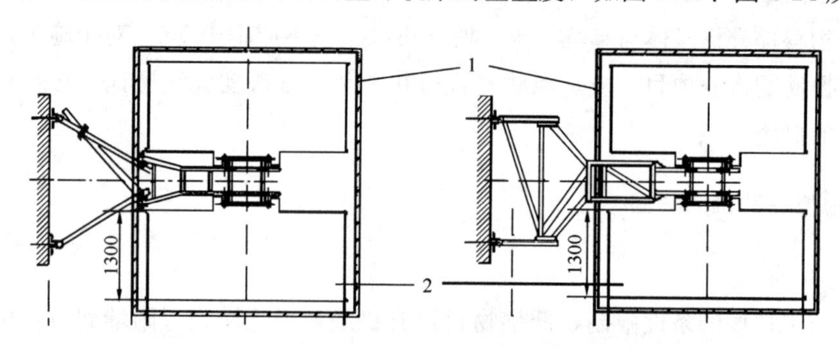

图2-23　直接附墙架示意图

1—围栏；2—吊笼

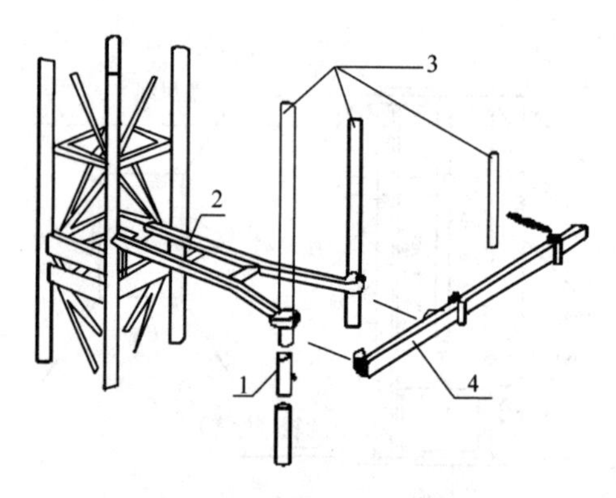

图2-24　间接附墙架示意图

1—立杆接头；2—短前支撑；3—过道竖杆（立管）；4—过桥联杆

（2）附墙架与建筑物的连接方法

附着杆一端用扣件与标准节相连，另一端与建筑物设置的预埋件相连。连接方式有型钢附墙架与预埋件连接，如图2-25所示；也有钢管与预埋钢管连接，如图2-26所示。

（3）附墙连接的要求

1）连墙杆选用的材料应与提升机架体材料相适应，连接点应坚固合理，与建筑结构的连接处应在施工方案中有预埋（预留）措施。

2）连墙杆与建筑结构相连接形成稳定结构架，其竖向间隔不得大于9m，且在建筑物的顶层必须设置1组连墙杆。架体顶部自由高度不得大于6m。

3）在任何情况下，连墙杆都不准与脚手架连接。

4）附墙架与架体及建筑之间，均应采用刚性件连接，并形成稳定结构，不得连接在脚手架上，并严禁使用铅丝绑扎。

5）连接螺栓应为不低于8.8级的高强度螺栓，其紧固件的表面不得有锈斑、碰撞凹坑和裂纹等缺陷。

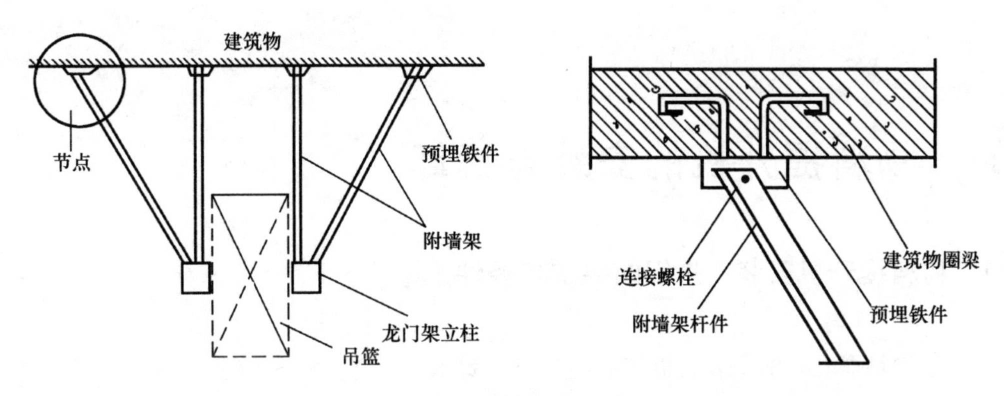

图 2-25 型钢附墙架与预埋件连接

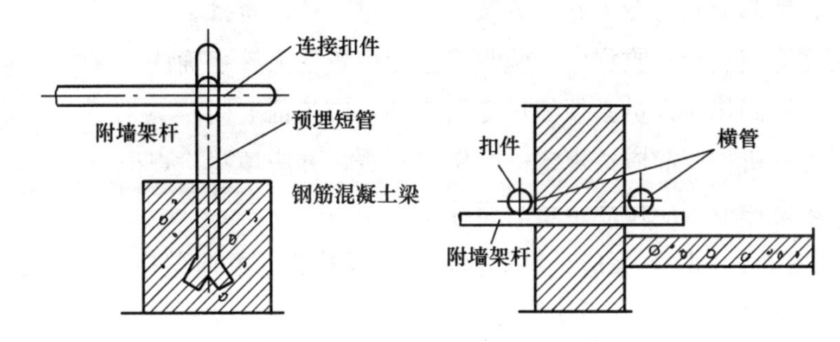

图 2-26 钢管与预埋钢管连接

3 物料提升机的安装与拆卸

3.1 物料提升机安装、拆卸的要求与条件

(1) 物料提升机的安装、拆卸应满足以下要求：

1) 安装、拆卸单位应具有起重设备安装工程专业承包资质和安全生产许可证。

2) 安装、拆卸应制定专项施工方案，并经过审核、审批。

3) 安装完毕应履行验收程序，验收表格应由责任人签字确认。

4) 安装、拆卸作业人员必须经过专门培训，应持证上岗。

5) 物料提升机作业前应按规定进行例行检查，并应填写检查记录。

6) 实行多班作业，应按规定填写交接班记录。

(2) 专项安装、拆除方案应具有针对性、可操作性，并应包括下列内容：

1) 工程概况。

2) 编制依据。

3) 安装位置及示意图。

4) 专业安装、拆除技术人员的分工及职责。

5) 辅助安装、拆除起重设备的型号、性能、参数及位置。

6) 安装、拆除的工艺程序和安全技术措施。

7) 主要安全装置的调试及试验程序。

(3) 安装作业前，应根据现场工作条件及设备情况编制专项安装、拆除方案。且经安装、拆除单位技术负责人审批后实施。并应符合下列规定：

1) 物料提升机安装前，安装负责人应依据专项安装方案对安装作业人员进行分工技术交底，确定指挥人员，划分安全区域，指定监护人员，排除作业障碍。

2) 应确认物料提升机的结构、零部件和安全装置经出厂检验，并符合要求。

3) 应确认物料提升机的基础已验收，并符合要求。

4) 应确认辅助安装起重设备及工具经检验合格，并符合要求；应明确作业警戒区，并设专人监护。

(4) 安装作业前应对物料提升机结构及机构进行检查，内容一般包括：

1) 金属结构的成套、完好性。

2) 提升机的完好、完整性。

3) 电气设备的齐全、可靠性。

4）附墙架与连接预埋件位置的正确、牢固性。

（5）卷扬机的安装，应符合下列规定：

1）卷扬机的安装位置宜远离危险作业区，且视线良好。

2）卷扬机卷筒的轴线应与导轨架底部导向轮的中线垂直，垂直度偏差不宜大于2°，其垂直距离不宜小于20倍卷筒宽度；当不能满足时，应设排绳器。

3）卷扬机宜采用地脚螺栓与基础固定牢固；当采用地锚固定时，卷扬机前端应设置固定止挡。

（6）导轨架的安装程序应按专项方案要求执行。紧固件的紧固力矩应符合使用说明书要求。安装精度应符合下列规定：

1）导轨架的轴心线对水平基准面的垂直度偏差不应大于导轨架高度的0.15%。

2）标准节安装时导轨结合面对接应平直，错位形成的阶差不应大于1.5mm。

（7）安装的场地要求

1）场地要求平整夯实，基础承载能力强，禁止在松土或沉陷。

2）不均的基础上安装。基础承载能力要求大于8t/m^2。

3）在4m×4.5m立柱安装场地范围内，排水通畅，不得有积水浸泡基础。

4）基础水平面偏差每米应不大于3mm。

5）立柱安装后，要求在两个方向上进行垂直度检查，倾斜度应保证在1.5‰以内，达不到标准，应在底梁下塞垫调整垫片，直到调整到符合要求为止。

（8）其他要求

1）当导轨架的安装高度超过设计的最大独立高度时，必须安装附墙架。

2）附墙架应由制造商提供。

3）附墙架与建筑结构的连接应进行设计计算，附墙架与立柱及建筑物连接时，应采用刚性连接，并形成稳定结构。附墙架严禁与脚手架连接。

4）附墙架的设置应符合设计要求，且在建筑物的顶层应设置1组，附墙后立柱顶部的自由高度不得大于6m。

5）螺栓连接必须牢固可靠、无松动。孔径应符合标准要求，不得扩孔。

6）吊笼导靴与导轨的安装间隙应不大于5mm。

7）立柱轴心线对底架水平基准面的安装垂直度应不大于1.5%，且不得超过130mm。

8）钢丝绳宜设防护槽，槽内应设滚动托架，且应采用钢板网将槽口封盖。钢丝绳不得拖地或浸泡在水中。

9）物料提升机安装完毕后，须经有资质的第三方检测单位进行安装质量检测，并出具检测报告。检测合格的，使用单位应组织出租、安装、监理等有关单位进行验收，填写验收记录并存档。

10）拆除作业前，应对物料提升机的导轨架、附墙架等部位进行检查，确认无误后方能进行拆除作业。

11）拆除作业应先挂吊具、后拆除附墙架及地脚螺栓。拆除作业中，不得抛掷构件。

12）拆除作业宜在白天进行，夜间作业应具有良好的照明。

3.2 物料提升机的安装步骤

(1) 物料提升机安装步骤

1）安装底梁。

2）放自升平台就位，使套架中心线与立柱中心线重合。

3）将第一组立柱标准节放入套架内，底端与底梁用螺栓连接。

4）将提升支架置于装好的两立柱顶端。

5）安装手动倒链于自升平台上。

6）将扒杆安装于自升平台上。

7）利用手动倒链提升自升平台，直到台面与立柱顶面平齐，取下提升支架置于平台上。

8）利用扒杆安装好第二组标准节，并将提升支架置于第二组标准节顶部。

9）重复步骤7。

10）安装撑杆和附墙架，并紧固以上各件连接螺栓，检查安装好的标准节垂直偏差，调整到符合要求。每隔3m安装一道附墙架。

11）安装卷扬机。

12）放进吊笼，穿绕好钢丝绳，安装好联动安全装置。此时，门架升降机就基本安装就绪。以下主要是如何实现升降。

13）将第三组标准节送入吊笼，起升吊笼到接近极限高度，然后利用扒杆安装好第三组标准节，将提升支架置于第三节标准节顶部，再重复步骤7提升平台。

14）按步骤13所述方法继续升高门架到规定的第一次使用高度，在相应的高度上安装好支架，就可以投入试运行。

15）当门架架设超过6m时，应在第6m处设置第一道附着，以后每间隔3m增加一道，以保证门架工作平稳为准。

(2) 安装技术要求

1）立柱兼作导轨架，为吊笼运行滚动的轨道，其标准节接头处阶差应小于1mm，安装时必须注意调整。

2）立柱全高的垂直度偏差应不大于1.5‰。

3）各连接螺栓必须紧固。

4）高空作业人员必须有高空作业的身体条件，系好安全带，门架下和立柱周围2m内禁止站人，以防物体跌落伤人。

5）四级风以上禁止安装作业。

3.3 物料提升机的拆卸步骤

拆架基本按照与安装步骤相反的次序进行。

（1）先拆除上部附着架。

（2）放下吊笼，再落自升平台，即将手动倒链的提升支架置于立柱顶部，先稍向上提升平台，拉动自翻卡板尾部绳子使卡板倾斜离开立柱，并将绳端系在平台上，保持卡板倾斜。反摇手动倒链使平台下移一个标准节，放松卡板尾绳，使平台卡在下移的标准节上，从柱顶取下提升支架置于平台上，并上升吊笼。

（3）用平台上的扒杆，将上一节标准节卸下，放入已上升的吊笼内，将卸下的标准节运至地面卸下来，再按步骤2放下下一个标准节。如此重复，将标准节一组一组地拆下去。

（4）当需要拆哪一组附着架时就拆哪一组，不可把所有附着架同时拆除，以防拆架时晃动。

（5）拆到只有两组标准节时，就开始拆下吊笼、卷扬机、撑杆，放下平台，卸标准节。

4 物料提升机的管理与维护保养

4.1 物料提升机的管理

4.1.1 物料提升机的检验

（1）物料提升机的检验应包括出厂检验、型式检验和使用过程检验。

（2）物料提升机应逐台进行出厂检验，并应在检验合格后签发合格证。

（3）物料提升机的型式检验内容应包括结构应力、安全装置可靠性、荷载试验及坠落试验。有下列情况之一应进行型式检验：

1）新产品或老产品转厂生产。

2）产品在结构、材料、安全装置等方面有改变，产品性能有重大变化。

3）产品停产 3 年及以上，恢复生产。

4）国家质量技术监督机构按法规监管提出要求时。

（4）物料提升机使用过程检验内容应包括结构检查、额定荷载试验和安全装置性能试验等。有下列情况之一时，应进行使用过程安全检验：

1）新安装使用前。

2）闲置时间超过半年，重新恢复使用时。

3）正常工作状态下使用超过 1 年时。

4）经过大修、技术改进的物料提升机交付使用前。

5）经过暴风、地震及机械事故，物料提升机结构的刚度、稳定性及安全装置的功能受到损害的。

（5）在施工现场安装的物料提升机应逐台检查。

（6）使用过程检验判定规则：检验项目及分类见《建筑施工物料提升机安全技术规程》DB37/T 5094—2017、《山东省建筑施工物料提升机安全技术规程》J10178—2017 附录 A，其中：A 类项目是保证项目，为产品必须达到的要求内容。

（7）在下列情况下判定产品合格，否则判定产品不合格：

A 类项目均合格，B 类项目不合格项不超过 2 项，C 类项目不合格项不超过 5 项。

4.1.2 物料提升机的试验

（1）试验前的准备应符合下列规定：

1）试验前应编制试验方案，采取可靠措施，以保证试验及试验人员的安全。

2）应对试验的物料提升机和场地环境进行全面检查，确认符合要求和具备试验条件。

（2）试验条件应符合下列要求：

1）架体的基础、附墙架等应符合本规程规定。

2）环境温度宜为－20～40℃。

3）地面风速不得大于13m/s。

4）电压波动宜为±5％。

5）荷载与标准值的差宜为±3％。

（3）安装垂直度测量时，要求吊笼空载落地，在垂直于吊笼长度方向与平行于吊笼长度方向分别测量立柱的安装垂直度。空载试验应符合下列要求：

1）在空载情况下物料提升机应进行全行程不少于三个的工作循环，每一工作循环以工作速度进行上升、下降、变速、制动等动作，每一工作循环的升、降过程中应进行不少于两次的制动，其中在半行程以上应至少进行一次吊笼上升中的制动试验。

2）在进行试验的同时，应对各安全装置进行灵敏度试验。

3）双吊笼物料提升机，应对各吊笼分别进行试验。

4）空载试验过程中，应检查各机构，动作应平稳、准确，不得有振颤、冲击等现象。

（4）额定荷载试验应符合下列要求：

1）吊笼内施加额定荷载，载荷重心位置应位于吊笼几何中心沿吊笼长度方向远离附墙架方向偏1/6吊笼长度和宽度方向远离立柱方向偏1/6吊笼宽度的交点处。

2）除按空载试验动作运行外，并应作吊笼的坠落试验。

3）试验时，将吊笼上升6～8m制停，进行模拟断绳试验，测量保护装置制动过程中的滑落距离。

（5）超载试验应符合下列要求：

1）吊笼内均匀布置125％额定载重量，工作行程为全行程，工作循环不得少于三个，每一个工作循环的升、降过程中至少应进行一次制动及吊笼停靠。

2）动作应准确可靠，无异常现象，金属结构不得出现永久性变形、可见裂纹、油漆脱落以及连接损坏、松动等现象。

（6）稳定性试验时，在立柱顶部自由高度为6m的情况下，吊笼位于下限位位置，笼内均布150％额定载重量，物料提升机无永久变形、损坏，则判定物料提升机稳定。

（7）噪声测量时，声级计位于距地面1.5m高度位置，分别在前、后、左、右四个方向距卷扬机水平距离1m处以及距卷扬机上表面1m处，测量传动系统的工作噪声，取最大的噪声值。

（8）速度测量时，吊笼内均匀布置额定载重量，测量吊笼提升速度，次数不少于三次，计算其平均值。

（9）电机功率测量时，吊笼空载下行及额定载重量提升上行工况下，测量电机的电流及输入功率，重复试验三次。

（10）载重量限制装置检验时，吊笼内装载规定载荷，检测其是否报警、切断吊笼工作电源。

（11）上、下限位器检验时，吊笼在空载、额定载重量工况下上行、下行至限位位置时，限位器应切断电源。

4.1.3 物料提升机的使用管理

1. 交接班制度

为使物料提升机在多班作业或多人轮班操作时，能相互了解情况、交待问题，分清责任，防止机械损坏和附件丢失，保证施工生产的连续进行，必须建立交接班制度，作为岗位责任制的组成部分。

交接班时，双方都要全面检查，做到不漏项目，交接清楚，由交方负责填写交接班记录，接方核对相符经签收后交方才能下班。

（1）交班司机职责

1）检查物料提升机的机械、电气部分是否完好。

2）操作手柄置于零位，切断电源。

3）本班物料提升机运转情况、保养情况及有无异常情况。

4）交接随机工具、附件等情况。

5）清扫卫生，保持清洁。

6）认真填写好设备运转记录和交接班记录。

（2）接班司机职责

1）认真听取上一班司机工作情况介绍。

2）仔细检查物料提升机各部件完好情况。

3）使用前必须进行空载试验运转，检查限位开关、紧急开关等是否灵敏可靠，如有问题应及时修复后方可使用，并做好记录。

（3）交接班记录内容

交接班记录具体内容和格式，见表 4-1。

交接记录簿由机械管理部门于月末更换，收回的记录簿是设备使用的原始记录，应保存备查。机长应经常检查交接班制度的执行情况，并作为司机日常考核的依据。

物料提升机交接班记录表　　表 4-1

<table>
<tr><td>工程名称</td><td colspan="2"></td><td>使用单位</td><td colspan="2"></td></tr>
<tr><td>设备型号</td><td colspan="2"></td><td>备案登记号</td><td colspan="2"></td></tr>
<tr><td>时间</td><td colspan="5">年　月　日　时　分</td></tr>
<tr><td>检查结果代号说明</td><td colspan="5">√＝合格　○＝整改后合格　×＝不合格　无＝无此项</td></tr>
<tr><td>序号</td><td colspan="3">检查项目</td><td>检查结果</td><td>备注</td></tr>
<tr><td>1</td><td colspan="3">物料提升机通道无障碍物</td><td></td><td></td></tr>
<tr><td>2</td><td colspan="3">地面防护围栏门、吊笼门机电联锁完好</td><td></td><td></td></tr>
<tr><td>3</td><td colspan="3">各限位挡板位置无移动</td><td></td><td></td></tr>
<tr><td>4</td><td colspan="3">各限位器灵敏可靠</td><td></td><td></td></tr>
<tr><td>5</td><td colspan="3">各制动器灵敏可靠</td><td></td><td></td></tr>
<tr><td>6</td><td colspan="3">清洁良好</td><td></td><td></td></tr>
<tr><td>7</td><td colspan="3">润滑充足</td><td></td><td></td></tr>
<tr><td>8</td><td colspan="3">各部件紧固无松动</td><td></td><td></td></tr>
<tr><td>9</td><td colspan="3">其他</td><td></td><td></td></tr>
<tr><td colspan="6">故障及维修记录：</td></tr>
<tr><td colspan="4">交班司机签名：</td><td colspan="2">接班司机签名：</td></tr>
</table>

2. 三定制度

物料提升机的使用必须贯彻“管、用、养结合”和“人机固定”的原则，实行定人、定机、定岗位的“三定”岗位责任制，也就是每台物料提升机有专人操作、维护与保管。实行岗位责任制，根据物料提升机使用类型的不同，可采取下列两种形式：

（1）物料提升机由单人驾驶的，应明确其为机械使用负责人，承担机长职责。

（2）多班作业或多人驾驶的物料提升机，应任命一人为机长，其余为机员。机长应由物料提升机的使用或所有单位任命，选定后要保持相对稳定，一般不轻易作变动。在设备内部调动时，最好随机随人。

3. 岗位责任制

物料提升机使用得正常与否，取决于司机的责任心和操作技术的熟练程度。从人和设备的关系上来看，一方面人是设备的创造者和操作者，另一方面在生产过程中，人又为设备本身的运转规律所支配。因此，在设备使用过程中，必须有熟悉和掌握设备运转、操作、维修的技术人员和相应管理人员，才能使机械设备处于完好状态，充分发挥其效能。

司机的岗位责任制，就是把物料提升机的使用和管理责任落实到具体人员身上，也就是把人与机的关系相对固定下来，由他们负责操作、维护、保养和保管，在使用过程中对机械技术状况和使用效率全面负责。岗位责任制可以增强司机爱护机械设备的责任心，有利于司机熟悉机械特性，熟练掌握操作技术，合理使用机械设备，提高机械效率，确保安全生产。

(1) 机长职责

机长是机组的负责人和组织者，其主要职责是：

1) 指导机组人员正确使用物料提升机，充分发挥机械效能，努力完成施工生产任务等各项技术经济指标，确保安全作业。

2) 带领机组人员坚持业务学习，不断提高业务水平，模范地遵守操作规程和有关安全生产的规章制度。

3) 检查、督促机组人员共同做好物料提升机的维护保养，保证机械和附属装置及随机工具整洁、完好，延长设备的使用寿命。

4) 督促机组人员认真落实交接班制度。

(2) 物料提升机司机职责

司机在机长带领下除协助机长工作和完成施工生产任务外，还应做好下列工作：

1) 严格遵守物料提升机安全操作规程，严禁违章作业。

2) 认真做好物料提升机作业前的检查、试运转工作。

3) 及时做好班后整理工作，认真填写试车检查记录、设备运转记录。

4) 严格遵守施工现场的安全管理的相关规定。

5) 做好物料提升机的调整、紧固、清洁、润滑、防腐等维护保养工作。

6) 及时处理和报告物料提升机的故障及安全隐患。

(3) 指导司机、实习司机的岗位职责

1) 指导司机的职责

① 实习司机开车时，指导司机必须在旁监护。

② 指导实习司机按规定程序操作。

③ 及时提醒实习司机减速、制动和停车等。

④ 监护观察实习司机的精神状态，出现紧急情况而实习司机未操作时，指导司机应及时采取措施，对物料提升机进行安全操作。

2) 实习司机的职责

① 尊敬师傅，接受分配的工作，未经师傅许可，不准擅自操作和启动物料提升机。

② 遵守安全操作规程，在师傅指导下，努力学习操作和保养等技术技能。

③ 协助机长和师傅填写使用记录。

4.2 物料提升机的维护保养

4.2.1 维护保养意义和分类及方法

1. 维护保养的意义

为了使物料提升机经常处于完好状态和安全运转状态，避免和消除在运转工作中可能出现的故障，提高物料提升机的使用寿命，必须及时正确地做好维护保养工作。

（1）物料提升机工作状态中，经常遭受风吹雨打、日晒的侵蚀，灰尘、砂土的侵入和沉积，如不及时清除和保养，将会加快机械的锈蚀、磨损，使其寿命缩短。

（2）在机械运转过程中，各工作机构润滑部位的润滑油及润滑脂会自然损耗，如不及时补充，将会加重机械的磨损。

（3）机械经过一段时间的使用后，各运转机件会自然磨损，零部件间的配合间隙会发生变化，如果不及时进行保养和调整，磨损就会加快，甚至导致完全损坏。

（4）机械在运转过程中，如果各工作机构的运转情况不正常，又得不到及时的保养和调整，将会导致工作机构完全损坏，大大降低物料提升机的使用寿命。

（5）应当对物料提升机经常进行日常和定期检查、维护和保养，传动部分应有足够的润滑油，对易损件必须经常检查、及时维修或更换，对螺栓特别是经常振动的如架体、附墙架等连接螺栓应经常进行检查，如有松动必须及时紧固或更换。

2. 维护保养的分类

（1）日常维护保养

日常维护保养，又称为例行保养，是指在设备运行的前、后和运行过程中的保养作业。日常维护保养由设备操作人员进行。

（2）定期维护保养

月度、季度及年度的维护保养，以专业维修人员为主，设备操作人员配合进行。

（3）特殊维护保养

施工机械除日常维护保养和定期维护保养外，还须进行下列内容的维护保养：

1）转场保养。在物料提升机转移到新工地安装使用前，须进行一次全面的维护保养，保证物料提升机状况完好，确保安装、使用安全。

2）闲置保养。物料提升机在停放或封存期内，至少每月进行一次保养，重点是清洁和防腐，由专业维修人员进行。

3. 维护保养的方法

维护保养一般采用“清洁、紧固、调整、润滑、防腐”等方法，通常简称为“十字作业”法。

（1）清洁：是指对机械各部位的油泥、污垢、尘土等进行清除等工作，目的是为了减少部件的锈蚀、运动零件的磨损、保持良好的散热和为检查提供良好的观察效果等。

（2）紧固：是指对连接件进行检查紧固等工作。机械运转中的运动容易使连接件松动，如不及时紧固，不仅可能产生漏电等现象，有些关键部位的连接松动，轻者导致零件变形，会出现零件断裂、分离，甚至导致机械事故。

（3）调整：是指对机械零部件的间隙、行程、角度、压力、松紧、速度等及时进行检查调整，以保证机械的正常运行。尤其是要对制动器、减速机等关键机构进行适当调整，确保其灵活可靠。

(4) 润滑：是指按照规定和要求，选用并定期加注或更换润滑油，以保持机械运动零件间的良好运动，减少零件磨损。

(5) 防腐：是指对机械设备和部件进行防潮、防锈、防酸等处理，防止机械零部件和电气设备被腐蚀损坏。最常见的防腐保养是对机械外表进行补漆或涂上油脂等防腐涂料。

4.2.2 物料提升机维护保养的内容及注意事项

物料提升机的检查分为每日检查、每周检查、每月检查、季度检查、年度检查。检查人员进行安全检查时应注意如下事项：

(1) 必须由具有相关资格的人员进行操作，如电气检查人员必须具有电工操作证，并经过相关知识培训。

(2) 在进行电气检查时，必须穿绝缘鞋。

(3) 在进行电机检查时，必须切断主电源 10min 后才能检修。

(4) 检查人员应按高处作业安全要求，包括必须戴安全帽、系安全带、穿防滑鞋等，不得穿过于宽松的衣服，应穿工作服。

(5) 严禁夜间或酒后进行操作、检查。

(6) 升降机运行时，操作人员的头、手绝不能伸出安全围栏外。

(7) 除了进行天轮、附墙架连接，标准节连接和电缆导向装置检查时需要将吊笼停在相应检查位置之外，在进行其他检查时都应将吊笼停在底层。

4.2.3 物料提升机的周期性检查

1. 日常检查

(1) 附墙杆与建筑物连接有无松动，缆风绳与地锚的连接有无松动。

(2) 空载提升吊笼做一次上下运行，查看运行是否正常，同时验证各限位器是否灵敏可靠及安全门是否灵敏完好。

(3) 在额定荷载下，将吊笼提升至地面 1～2m 高处停机，检查制动器的可靠性和架体的稳定性。

(4) 卷扬机各传动部件的连接和坚固情况是否良好。

(5) 保养设备必须在停机后进行。禁止在设备运行中进行擦洗、注油等工作。如需重新在卷筒上缠绳时，必须两人操作，一人开机一人扶绳，相互配合。

(6) 司机在操作中要经常注意传动机构的磨损，发现磨绳、滑轮磨偏等问题，要及时向有关人员报告并及时解决。

(7) 架体及轨道发生变形必须及时维修。

2. 每周检查

(1) 检查电梯上所有滚轮是否松动或位置偏斜，否则应紧固或调整。

(2) 钢丝绳绳端固定是否牢固。

(3) 检查卷扬机底座与基础上的螺栓不得松动，否则应紧固。

(4) 检查操作台各个按钮是否灵敏可靠、指示灯是否正常。

(5) 检查联轴器螺栓是否松动，否则应紧固。

(6) 检查制动器是否灵敏，否则应调整。

(7) 检查各限位工作是否正常，否则应进行调整及修复。

(8) 检查钢丝绳在1m长度范围内断丝数目不得多于钢丝总数的3%，否则应更换。

(9) 钢丝绳表面磨损或锈蚀而致使其直径减少7%时，应更换钢丝绳。

(10) 检查轮槽是否被钢丝绳磨损接触到槽底。

(11) 卷扬机减速箱中应有足够的齿轮油。

(12) 检查钢丝绳防断绳保护装置是否有效(避免因发生断绳而致吊笼坠落)。

(13) 检查物料提升机连墙件与结构固定是否牢固。

(14) 检查标准节螺栓是否有松动现象。

(15) 检查各操作装置不得有异常，否则应及时处理。

3. 每月检查

(1) 检查传动机构螺栓紧固情况，包括减速机安装螺栓、传动大板安装螺栓等。

(2) 检查门配重运行时是否灵活，有无卡阻。

(3) 检查吊笼是否有松动或变形。

(4) 检查层门的碰铁位置是否有移动或松动现象。

(5) 全面对提升机已经日检和周检的部位再大检一次。

(6) 检查滚轮的磨损情况，调整滚轮与立管的间隙为0.5mm。调整间隙时，先松开螺母，再转动偏心轴校准后紧固。

(7) 根据要求，对需要进行润滑的部位进行润滑。

4. 季度检查

(1) 检查各个滚轮、滑轮及导向轮的轴承，根据情况进行调试或者更换。

(2) 检查电机的接地电阻不应大于4Ω，电气设备金属外壳、金属结构的接地电阻不应大于10Ω。

(3) 按规范要求进行坠落试验，检查安全器的可靠性。

(4) 根据要求，对需要进行润滑的部位进行润滑。

5. 年度检查

(1) 检查电缆线，如有破损或老化应立即进行修理和更换。

(2) 检查减速机与电机间联轴器的橡胶块是否老化、破损。

(3) 全面检查各零部件并进行保养及更换（包括对使用期限的鉴定与更换）。

(4) 根据要求，对需要进行润滑的部位进行润滑。

4.2.4 物料提升机润滑要求及方法

物料提升机润滑要求及方法见表 4-2。

物料提升机润滑要求及方法 **表 4-2**

项目	润滑周期	润滑部分	润滑方法	简图
1	每周	齿轮/齿条位置	涂刷油脂	
2		减速机	观察油孔， 必要时添加润滑油	
3	每月	滚轮	用油枪加注油脂	
4		配重滚轮与滑道	涂刷油脂	
5		导轨架立管	涂刷油脂	
6		限速器小齿轮	涂刷油脂	
7	每半年	减速机	换机油	

5 物料提升机司机

5.1 物料提升机司机的安全职责

5.1.1 物料提升机司机的安全职责

（1）认真学习贯彻执行相关安全法律法规标准。

（2）严格执行提升机安全操作规章制度。

（3）认真做好物料提升机驾驶安全检查、维修、保养工作。

（4）爱护和正确使用电气设备、工具和个人防护用品。

（5）在作业中发现不安全情况，应立即采取紧急措施，并向有关部门领导汇报。

（6）努力学习物料提升机驾驶操作技术，能正确处理和排除工作中的安全隐患及故障。

（7）有权拒绝违章指挥，有权制止任何人违章作业。

5.1.2 物料提升机司机的岗位责任制内容

（1）严格遵守安全操作规程，严禁违章作业。

（2）认真做好作业前的检查、试运转。

（3）及时做好班后整理工作，认真填写试车检查记录、使用记录（一般包括运行记录、维护保养记录、交接记录和其他内容）。

（4）严格遵守施工现场的安全管理规定。

（5）做好“调整、紧固、清洁、润滑、防腐”等维护保养工作。

（6）及时处理和报告提升机故障及安全隐患。

5.2 物料提升机的安全使用和安全操作

5.2.1 物料提升机的安全使用

（1）物料提升机应有专职机构和专职人员管理。

（2）组装后应进行验收，并进行空载、动载和超载试验。

（3）司机应经专门培训，人员要相对稳定，每班开机前，应对卷扬机、钢丝绳、地锚、缆风绳进行检验，并进行空载运行。

（4）严禁载人。物料提升机主要是运送物料的，在安全装置可靠的情况下，装卸料人员才能进入到吊笼作业，严禁各类人员乘吊笼升降。

（5）禁止攀登架体和从架体下面穿越。

（6）司机在联络信号不明时不得开机，作业中不论任何人发出紧急停车信号，司机应立即执行。

（7）缆风绳不得随意拆除。凡需临时拆除的，应先行加固，待恢复缆风绳后，方可使用升降机；若缆风绳的位置改变，要重新埋设地锚，待新缆风绳拴好后，原来的缆风绳方可拆除。

（8）严禁超载运行。

（9）司机离开时，应降下吊笼并切断电源。

（10）物料提升机必须做好定期检查工作。

5.2.2 物料提升机的安全操作

1. 物料提升机安全操作规程

（1）物料提升机司机必须经有关部门专业培训，考核合格取得特种作业人员操作资格证书后，持证上岗。

（2）必须定机、定人、定岗责任（称为“三定制度”）。

（3）物料提升机司机操作前，需确认以下问题：卷扬机与地面固定牢固；防护设施、电气线路状况良好，钢丝绳无断丝磨损；制动器灵敏松紧适度，联轴器螺栓紧固、弹性橡胶皮圈完好、无缺少；接零接地保护装置良好；卷筒上绳筒保险完好，排绳未松动；传动部位（轮、轴）、转动部位防护齐全可靠。

（4）物料提升机司机应在班前进行空载试运行。

（5）开机前应先检查吊笼门是否关闭，货物是否放置平稳有无伸出笼外部分。

（6）物料在吊笼内应均匀分布，不得超出吊笼。长料立放在吊笼内，应采取防滚动措施；散料应装箱或用专用容器盛装。

（7）操作前须检查吊笼是否与其他施工件有连接，并随时注意建筑物上的外伸物体，防止与吊笼碰撞。

（8）严禁超载运行；禁止载人运行。

（9）物料提升机司机操作时，高架提升机应使用通信装置联系。低架提升机在多工种、多楼层同时使用时，应设专门指挥人员，信号不清不得开机。作业中无论任何人发出紧急停止信号，必须立即服从，待查明原因后方可继续操作运行。

（10）发现安全装置、通信装置失灵时应立即停机修复。

（11）操作中或吊笼尚悬空吊挂时，物料提升机司机不得离开操作岗位。

（12）当安全停靠装置没有固定好吊笼时，严禁任何人员进入吊笼；吊笼安全门未关好或作业人员未离开吊笼时，不得升降吊笼。

（13）严禁任何人员攀登、穿越物料提升机架体和乘坐吊笼上下。

（14）发现安全装置、通信装置失灵时，应立即停机修复。

（15）作业中不得将极限限位器当停止开关使用。

（16）使用中物料提升机司机必须时刻注意钢丝绳的状态，卷筒上钢丝绳应排列整齐，吊笼落至地面时，卷筒上钢丝绳至少应保留 3 圈以上的安全圈。当重叠或乱绳时，应停机重新排列，严禁在转动中手拉脚踩钢丝绳。

（17）装设自升式摇臂把杆的井字架、门架，其吊笼与摇臂把杆不得同时使用。

（18）闭合电源前或作业中突然停电时，应将所有开关扳回零位。在重新恢复作业前，应在确认提升机动作正常后方可继续使用。

（19）物料提升机发生故障或维修保养时必须停机，切断电源后方可进行；维修保养时应切断电源，在醒目处挂"禁止合闸、正在检修"的标志，现场须有人监护。

（20）提升钢丝绳运行中不得拖地面和被水浸泡；必须穿越主要干道时，应设置保护措施；严禁在钢丝绳穿行的区域内堆放物料。

（21）物料提升机司机必须坚守岗位，不得擅离岗位，暂停作业离开时，应将吊笼降至地面并切断总电源。

（22）作业结束后，应降下吊笼，将所有开关扳回零位，切断总电源，锁好物料提升机开关箱，防止其他人员擅自启动提升机。

2. 作业前重点检查内容

（1）检查架体、吊笼有无开焊、裂纹、变形现象；检查架体、附墙架（缆风绳）、地锚等连（拉）接部位是否紧固可靠。

（2）断绳保护、停层定位装置动作可靠。

（3）钢丝绳磨损在允许范围内。

（4）吊笼及滑轨导向装置无异常。

（5）滑轮、卷筒防钢丝绳脱槽装置可靠有效。

（6）吊笼运行范围内无障碍物。

（7）电源接通前，检查地线、电缆是否完整无损，操纵开关是否置于零位。

（8）电源接通后，检查电压是否正常、机件有无漏电、电气仪表是否灵敏有效。

（9）进行空载运行，检查上下限位开关、极限开关及其碰铁是否有效、可靠、灵敏。

（10）超载限制器应灵敏有效。

（11）制动器应可靠有效。

（12）限位器应灵敏完好。

（13）检查各润滑部位应润滑良好。如润滑情况差，应及时进行润滑；油液不足应及时补充润滑油。

3. 作业中的注意事项

在使用过程中，司机可以通过听、看、试等方法及早发现提升机的各类故障和隐患，通过及时检修和维护保养，可以避免其零部件的损坏或损坏程度的扩大，避免事故的发生。

（1）严格遵守安全操作规程。

（2）物料提升机严禁载人。

（3）物料应在吊笼内均匀分布，不得有过度偏载现象。

（4）不得装载超出吊笼空间的超长物料，严禁超载运行。

（5）在任何情况下，不得使用限位开关代替控制开关运行。

（6）当发生防坠安全器制停吊笼的情况时，应查明制停原因，排除故障，并应检查吊笼、导轨架及钢丝绳，应确认无误并重新调整防坠安全器后再运行。

（7）当发现安全装置失灵时必须立即停机，待查明制停原因、排除故障、经确认无误后方可继续操作。

（8）物料提升机在大雨、大雾、风速13m/s及以上大风等恶劣天气时，必须停止运行。

4. 作业结束后的安全要求

（1）工作完毕后，司机应将吊笼停靠至地面层站。

（2）司机应将控制开关置于零位，切断电源开关。

（3）司机在离开吊笼前应检查一下吊笼内外情况，做好清洁保养工作，熄灯并切断控制电源。

（4）司机离开吊笼后，应将吊笼门和防护围栏门关闭严实，并上锁。

（5）切断提升机专用电箱电源和开关箱电源。

（6）如装有空中障碍灯时，夜间应打开障碍灯。

（7）当班司机要写好交接班记录，进行交接班。

5. 安全操作的基本程序

（1）按有关要求做好操作前的检查。

（2）操作前检查情况良好时，合上地面站主开关。

（3）合上操作台电源三相开关。

（4）按压标明方向符号的控制按钮，物料提升机吊笼起升。

（5）按有关规定集中精力操作物料提升机。

（6）按压停车按钮，提升机吊笼停车。

（7）如果各停靠站都装有限位撞铁做自动停层之用，则应在停层前按压反向按钮。

（8）物料提升机吊笼到达顶部或地面停靠站前应按压停车按钮，不允许用上下限位装置做顶部停靠站或地面站的停层关车之用，以防其失灵造成吊笼在顶部倾翻事故或冲击地坑事故。

（9）若从各停靠站上操纵物料提升机，其方法如上所述。

（10）若按压按钮后提升机吊笼未见起升，则应立即按停车按钮，然后通知技术人员排除故障。

6 物料提升机常见事故隐患与预防措施

6.1 物料提升机常见故障的判断和处置方法

物料提升机常见故障的处置方法　　表 6-1

序号	常见故障	故障分析	处理办法
1	总电源合闸即跳	电路内部损伤，短路或相线接地	查明原因，修复线路
2	电压正常，但主交流接触器不吸合	限位开关未复位	限位开关复位
		相序接错	正确接线
		电气元件损坏或线路开路断路	更换电气元件或修复线路
3	操作按钮置于上、下运行位置，但交流接触器不动作	限位开关未复位	限位开关复位
		操作按钮线路断路	修复操作按钮线路
4	电机启动困难，并有异常响声	卷扬机制动器没调好或线路损坏，制动器没有打开	调整制动器间隙，更换电磁线圈
		严重超载	减少吊笼载荷
		电动机缺相	正确接线
5	上下限位开关不起作用	上、下限位损坏	更换限位
		限位架和限位碰块移位	恢复限位架和限位位置
		交流接触器触点粘连	修复或更换接触器
6	交流接触器释放时有延时现象	交流接触器复位受阻或粘连	修复或更换接触器
7	电路正常，但操作时有时动作正常，有时动作不正常	制动器未彻底分离	调整制动器间隙
		线路接触不好或虚接	修复线路
8	吊笼不能正常起升	供电电压低于 380V 或供电阻抗过大	暂停作业，恢复供电电压至 380V
		冬季减速箱润滑油太稠太多	更换润滑油
		制动器未彻底分离	调整制动器间隙
		超载或超高	减少吊笼载荷，下降吊笼
		停靠装置伸出挂在架体上	恢复插销位置

续表

序号	常见故障	故障分析	处理办法
9	吊笼不能正常下降	断绳保护装置误动作	修复断绳保护装置
		摩擦副损坏	更换摩擦副
10	制动器失效	制动器各运动部件调整不到位	修复或更换制动器
		机构损坏，使运动受阻	修复或更换制动器
		电气线路损坏	修复电气线路
		制动衬料或制动轮磨损严重，制动衬料或制动块连接铆钉露头	更换制动衬料或制动轮
11	制动器制动力矩不足	制动衬料和制动轮之间有油垢	清理油垢
		制动弹簧过松	更换弹簧
		活动铰链处有卡滞地方或有磨损过度的零件	更换失效零件
		锁紧螺母松动，引起调整用的横杆松脱	紧固锁紧螺母
		制动衬料与制动轮之间的间隙过大	调整制动衬料与制动轮之间的间隙
12	制动器制动轮温度过高，制动块冒烟	制动轮径向跳动严重超差	修复制动轮与轴的配合
		制动弹簧过紧，电磁松闸器存在故障而不能松闸或松闸不到位	调整松紧螺母
		制动器机件磨损，造成制动衬料与制动轮之间位置错误	更换制动器机件
		铰链卡死	修复
13	制动器制动臂不能张开	制动弹簧过紧，造成制动力矩过大	调整松紧螺母
		电源电压低或电气线路出现故障	恢复供电电压至380V，修复电气线路
		制动块和制动轮之间有污垢，形成粘连现象	清理污垢
		衔铁之间连接定位件损坏或位置变化，造成衔铁运动受阻，推不开制动弹簧	更换连接定位件或调整位置
		电磁铁衔铁芯之间间隙过大，造成吸力不足	调整电磁铁衔铁芯之间间隙
		电磁铁衔铁芯之间间隙过小，造成铁芯吸合行程过小，不能打开制动	调整电进铁衔铁芯之间间隙
		制动器活动构件有卡滞现象	修复活动构件
14	制动器电磁铁合闸时间迟缓	继电器常开触点有粘连现象	更换触点
		卷扬机制动器没有调好	调整制动器
15	吊笼停靠时有下滑现象	卷扬机制动器摩擦片磨损过大	更换摩擦片
		卷扬机制动器摩擦片、制动轮沾油	清理油垢
16	正常动作时断绳保护装置动作	制动块（钳）压得太紧	调整制动块滑动间隙
17	吊笼运行时有抖动现象	导轨上有杂物	清除杂物
		导向滚轮（导靴）和导轨间隙过大	调整间隙

6.2 物料提升机常见事故原因及处置方法

6.2.1 物料提升机常见事故隐患

1. 制造方面

(1) 生产环节管理薄弱。在物料提升机的制造管理上存在许多漏洞，加之不少工地物料提升机本身制造工艺落后、无法保证产品的质量和架体及附件质量。许多物料提升机为租赁或施工单位自制，企业缺乏完善的质量管理体系和出厂控制标准，导致不少物料提升机带有“先天缺陷”。

(2) 架体金属构件稳定性不足。物料提升机设计对整体考虑不足，对构件的截面尺寸、拼装等未予以充分考虑，不少连接板较薄，强度不足，不能形成稳定结构。在风荷载和局部外力等作用下，容易发生局部变形，引起整个结构受力的变化，甚至导致失稳。

(3) 安全装置性能不足。物料提升机安全装置性能不足，已经成为施工中一个较为突出的隐患。如井架的防坠器目前绝大部分采用瞬时式防坠器，当失灵时，瞬间下坠，若人正好进去，就会酿成大祸。而现在较为安全的是渐进式防坠器，当失速下滑时，防坠器内部的离心块会甩开卡住凹槽，制动力矩逐渐增加，吊笼呈减速平稳制动，可有效避免事故。另外不少物料提升机甚至存在安全装置不全、安全装置无法正常发挥作用等情况，造成安全隐患。

2. 现场安装方面

(1) 附墙架和缆风绳安装不规范。《龙门架与井架物料提升机安全技术规范》JGJ 88—2010 中 4.1.10 条规定，物料提升机自由段高度不宜大于 6m，附墙架间距不宜大于 6m。在实施工过程中，隐患最大的是物料提升机安装和拆除阶段，在安装过程中，不少项目井架一安到顶没有及时加设缆风绳，极易失稳倾覆，造成伤亡事故。在使用过程中，考虑到工程的特殊性及现场施工条件，缆风绳或附墙架时常被破坏，导致结构稳定性不足。在拆除过程中，由于不按拆除方案，贪多求快，导致失稳的情况时有发生。

(2) 卷扬机安装位置不适当。由于现场施工场地狭小，不少卷扬与物料提升机安装距离很难达到规范要求，经常会发生建筑材料碰撞钢丝绳的情况，导致钢丝绳挤坏、断开及断裂。另外由于安装距离不足，物料提升机司机视线受限，不能随时准确掌握卷扬机及临近的状况，容易发生事故。

(3) 进料口防护棚搭设不规范。现场存在防护棚随意搭设、随意连接，整体强度和稳定性不足、防护棚两侧未按规定挂立网等情况，容易造成事故隐患。

(4) 安全装置及设置缺失。物料提升机没有安装超高限位器或超高限位器失效，物料提升机进料口防护门和平台防护门设置不规范，形成空当，成为“老虎口”，卸料平台和脚手架随意连接，加之物料提升时的振动，造成安全隐患，进而导致事故的发生。

3. 使用方面

(1) 无专业司机。物料提升机司机要经过培训上岗，而不少培训机构仅是进行简单培训。司机在现场流动性大，管理人员又认为操作比较简单，司机经常由其他人代替。由于对物料提升机不熟悉，容易造成操作失误，导致事故的发生。

(2) 违章作业屡禁不止。施工现场经常发生漠视安全规章制度和安全操作规程的现象，在实际使用过程中，不少施工机具由于尺寸太大，原则不能用物料提升机提升，但现场实际又无其他合适的提升机具，只能勉强使用物料提升机。工地也经常有工人冒险乘提升机上下，将头伸进架体等，非常危险。各层间安全门流于形式或者是干脆不用。另外超载使用和散装材料直接放入吊笼起降，也易造成安全隐患。

(3) 设备使用保养维护不够。使用保养差，不进行定期检查和日常检查，无专人维修保养，井字架带病作业，都是事故隐患突出的表现。

6.2.2 物料提升机的紧急情况处置方法

在物料提升机使用过程中，有时会发生一些紧急情况，此时，司机首先要保持镇静，采取一些合理有效的应急措施，然后等待维修人员排除故障，要尽可能地避免或减少损失。

1. 卷筒上出现乱绳后的处理方法

卷扬机卷筒上的钢丝绳应排列整齐，如果需要重新缠绕时，严禁一人用手、脚引导缠绕钢丝绳（只能由两人配合缠绕钢丝绳，一人操作另一人在5m外用手引导缠绳）。当发现钢丝绳磨损达到报废标准时必须及时更换，起重卷扬钢丝绳不得使用有接头的钢丝绳。

2. 卷扬机运行中发现下列情况时，必须立即停机检修

(1) 发现电气设备漏电。

(2) 启动器、接触器的触电导致火弧或烧毁。

(3) 电动机在运行中温升过高或齿轮箱有不正常声响。

(4) 电压突然下降。

(5) 防护设备（装置）脱落。

(6) 有人发出紧急停止信号。

3. 工作过程中制动器失灵处理方法

(1) 工作过程中，偶然发生制动器失灵，切不可惊慌，在条件允许的情况下，可

间断起升、降落，缓慢平稳地将重物（吊笼）停放到安全地方。

（2）在重新恢复作业前，应在机务管理人员确认制动器动作正常后方可继续使用。

4. 运行中突然断电的处理方法

闭合主电源前或作业中突然断电时，应将所有开关扳回零位。

（1）司机必须坚守岗位，吊笼不应长时间滞留在空中，应在机务员的指导下手动操作，轻微推动磁力线圈的衔铁，慢慢将吊笼降至地面，严禁随意以自由降落的方式下降吊笼，因为速度过快时冲击力大，容易使钢丝绳绷断，造成事故。

（2）在重新恢复作业前，应在确认提升机动作正常后方可继续使用。

5. 运行中钢丝绳突然被卡住的处理方法

吊笼在运行中钢丝绳突然被卡住时，司机应及时按下紧急断电开关，使卷扬机停止运行，向周围人员发出示警。接着将各控制开关扳回到零位，关闭控制箱内电源开关，并启动安全停靠装置，禁止擅自处理或冒险继续操作运行。最后立即通知机务管理员或专业维修人员，交由专业维修人员对物料提升机进行维修。在专业维修人员未到达现场前，司机不得离开操作岗位。

6.2.3 物料提升机事故预防

对此类事故的预防，应着重控制以下几个环节：

（1）编制专项施工组织设计。物料提升机安装危险性大，按《龙门架及井架物料提升机安全技术规范》JGJ 88—2010 规定在施工组织设计中应有：

1）工程简介。

2）物料提升机的选型。

3）物料提升机的主要技术参数。

4）物料提升机在建筑结构平面图上的布置。

5）物料提升机的高度、数量全围统计表。

6）设计说明。

7）机构简介。

8）安装单位和使用单位双方配合的项目。

9）物料提升机施工过程。

10）安全技术措施。

11）季节性施工措施。

12）对工程的成品保护工作。

13）抗倾覆安全系数验算。

14）物料提升机技术交底兼安全操作规程。

施工组织设计中还要有详细的配置安排，并由相关部门审批。要把握好施工组织设计的针对性和可行性。要针对工程的特点选配物料提升机，要既能满足施工要求，又能保证安全，尽量使选配的物料提升机能覆盖整个作业面，不留死角。

（2）控制好设备的进场。进场的设备要与方案相符，并且各种配件要齐全，完好有效。还要严格审核材料进场清单，认真清点，逐一对照，既不能不同型号间的物料提升机混装，又不能以小代大，以次充好。

（3）加强对物料提升机安装的监控。一般情况下，物料提升机是以散件形式进入施工现场的，应重点监控每个物料提升机是否按方案正确组装、安装。既要组装牢固，组件齐全完好，又要放置的地点安全可靠。

（4）必须对安装好的物料提升机进行验收。物料提升机安装完毕后，要及时组织现场技术人员、生产人员及上机操作人员一起进行联合验收。要重点验收吊篮的安装位置，结构的组装情况，安全限位、电气装置的灵活完好情况；吊笼上下运行不应有障碍物；验收必须百分之百；数量大时可分阶段验收，并形成文字手续。未经验收的物料提升机禁止使用。对验收中存在的问题必须限期整改，确认无问题后方可投入使用。

（5）对操作人员进行教育和培训。首先对操作人员进行挑选，并对其进行相关的教育培训，考试合格后发证。教育和培训的重点要放在如何正确操作和使用物料提升机以及对可能出现的突发情况如何应对和处理等方面，要增强操作人员的安全意识。还必须强调，禁止作业人员乘坐物料提升机上下作业，以免造成对人身伤害等。施工单位项目技术负责人，应对操作人员进行必要的安全技术交底。

（6）控制好日常的管理。操作人员每天上班前应对物料提升机的机械和电气系统进行检查，确认钢丝绳、安全限位是否完好；严禁酒后作业，作业中必须有专人巡视检查。遇 5 级风及以上时必须停工，把吊笼放置地面进行封闭，除检查维修人员外他人一律禁入。遇有多工种交叉作业时，应设专人进行看护。

（7）物料提升机的拆卸、退场首先要编制物料提升机拆除方案，预先要了解拆除物料提升机的顺序、运输的方法、拆除的场地、人员的配置、天气情况等。还要对拆卸人员进行交底。

（8）物料提升机安全技术措施

1）卷扬机手要专人专机，持证上岗，熟悉本设备技术性能，能熟练掌握卷扬机操作规程，作业时须戴好防护用品。

2）开车前，机手要检查架体结构、电源线路、设备接零、绳索、地锚、停靠装置、防护门等，符合要求才能开车。

3）物料提升机严禁超载运行。

4）吊笼提升后，笼下不准站人，不准乘吊笼上下。上料后，上料人员要远离物料提升机，其他各类人员不得从竖井内探头。

5）卸料时必须待吊笼停稳后，作业人员才能开防护门，到吊笼卸料。卸完料作业人员将防护门关好后，卷扬机手才能下放吊笼。

6）吊笼升降须有统一的指挥信号，由工地配齐并向作业人员（机手、指挥、操作人员）进行交底，如信号不清，机手可拒绝作业。

7 物料提升机事故案例

7.1 使用不合格物料提升机导致吊笼坠落事故

1. 事故经过

某建筑工程楼板为预应力空心预制板，采用物料提升机垂直运输，然后由人力抬运到安装位置。事发时，该工程安装完4层楼板，当准备安装第5层楼板时，8人在自升吊笼内抬板，此时，吊笼突然从6层高度坠落，造成4人死亡，3人重伤，1人轻伤的较大安全事故。

2. 事故原因分析

（1）使用不合格物料提升机。物料提升机结构设计和荷载计算应符合《起重机械设计规范》GB/T 3811—2008要求，达到安全条件后才能够使用。该物料提升机无生产厂家、无计算书，也没有符合要求的安全装置，物料提升机安装完毕后，未组织验收，属于不合格的物料提升机，也是导致事故发生的直接原因。

（2）违反规范要求。施工单位未执行《龙门架及井字架物料提升机安全技术规范》JGJ 88—2010之规定："物料提升机严禁载人""当物料提升机安装高度大于或等于30m时，不得使用缆风绳"。

（3）绳夹固定不符合要求。提升吊笼的钢丝绳绳夹按照《重要用途钢丝绳》GB 8918—2006之规定，没有达到规定的钢丝绳数量，绳夹只有2个，致使钢丝绳受力后从固定端脱落，造成吊笼坠落。

（4）未安装停靠装置。物料提升机采用中间为立柱，两侧跨2个吊笼设计不合理，施工单位无法安装停靠装置，从而违反了规范要求。

（5）安全管理混乱。施工单位不具备相应资质，作业人员入场前未进行安全教育和培训，作业前没有组织对作业人员进行安全技术交底，提升机司机无特种作业人员证书，以致施工现场作业人员忽视安全，出现违章操作、冒险作业的现象。

3. 事故预防措施

（1）加强对施工资质的审查，严禁挂靠和违法分包、转包。

（2）加强对物料提升机设备的管理，物料提升机的结构设计和负荷计算应严格按标准和规范执行。提升机安装完毕后，必须经检测、验收，达到合格后才能投入使用和运行。

（3）物料提升机严禁载人、严禁超载，应加强对违章指导，违章作业的检查。

（4）应认真组织对施工作业人员进行安全教育和安全技术交底，提高作业人员自我保护意识，减少各类事故的发生。

7.2 违章操作致使物料提升机吊笼坠落事故

1. 事故经过

某建筑工地，在搭设井架物料提升机过程中，为图省力，两名作业人员乘坐在吊笼内，进行架体的向上搭设。架体底部的导向滑轮采用了扣件固定，因扣件脱落，钢丝绳弹出，又由于未安装防坠安全装置，吊笼失控坠落，致使吊笼内2人死亡。

2. 事故原因

（1）物料提升机在任何情况下，都不得载人升降，本案例中违规乘人是造成此次事故的主要原因。

（2）导向滑轮的固定，应采用可靠的刚性连接，本案采用了可靠性较差的扣件连接，其强度及刚度均不能保证，尤其在受拉力作用时，易滑移、松脱甚至断裂，这也是事故发生的重要原因。

（3）在没有安装防坠安全装置的情况下，违规提升吊笼。

3. 预防措施

（1）物料提升机安装前，应制定安装方案，并组织现场的技术交底。

（2）应严格按照安装工艺、顺序进行安装。

（3）严禁物料提升机载人运行。

（4）物料提升机底部滑轮的固定，应采用可靠的刚性连接，不得随意替换连接部件。

（5）要加强经常性的安全教育，提高作业人员的安全意识。

7.3 违规安装物料提升机倾倒事故案例

1. 事故经过

2007年7月14日，某综合楼工程施工现场，发生一起物料提升机吊笼坠落事故，造成3人死亡、3人重伤，直接经济损失270万元。该工程为24层框架结构，建筑面积34000m^2，合同造价4151万元。7月14日9时左右，施工人员使用物料提升机从首层地面向10～12层作业面用手推车运送水泥砂浆，同时吊笼内乘坐6名施工人员。当吊笼运行至距地面约40m时，牵引钢丝绳突然从压紧装置中脱落，吊笼坠落至地面。根据事故调查和责任认定，对有关责任方做出以下处理：项目经理、工长2人移交刑法机关依法追究刑事责任；施工单位经理、监理单位项目总监、建设单位现场代表等

11名责任人分别受到吊销执业资格、罚款等行政处罚和记过、警告、辞退等行政处分；建设、监理、施工、劳务等单位分别受到责令停业整顿、罚款等行政处罚。

2. 事故原因

（1）直接原因。物料提升机安装至一定高度后，牵引钢丝绳末端的压紧固定不符合规定要求。压紧固定装置未按规定加装防松弹簧垫圈，同时未按要求安装钢丝绳夹，吊笼在运行中正常的振动使未加防松弹簧垫圈的压紧螺栓松动，压紧力不足，牵引钢丝绳脱落，导致吊笼坠落。

（2）间接原因。总包单位在组织安装物料提升机作业中，违反国家有关规定，由工长组织不具备相应操作证、不懂专业技能的作业人员自行安装物料提升机，导致牵引钢丝绳末端压紧固定不符合要求；同时施工人员违章乘坐吊笼，为事故的发生埋下了隐患。安装单位未按照相关规定编制专项安装（拆除）方案。监理、总包单位未对安装人员的资格进行审查，致使不具备专业技能的人员随意作业。同时对现场作业人员违章乘坐吊笼未进行有效管理。

3. 预防措施

（1）物料提升机安装前，应制定安装方案，并按规定进行审批。

（2）物料提升机安装前，应进行安全技术交底，使作业人员严格按操作规程及安装工艺、顺序进行安装。

（3）应加强现场管理，建立和健全安全员责任制度，在安装过程中要加强检查，消除隐患。

（4）应加强安全教育，不断提高管理人员和工人的安全意识。

（5）开展安全技能教育，使广大员工，尤其是第一线作业人员熟悉并掌握有关标准，提高自觉贯彻标准的意识，认识到按标准进行安装作业的重要性。

附录(规范性附录)
验证安全要求的试验方法

1.1 总则

1.1.1 所有的试验和检验应由检验人员按《静力单轴试验机的检验 第1部分：拉力和（或）压力试验机测力系统的检验与校准》GB/T 16825.1进行检验与校准的拉力试验机进行；使用的钢卷尺或钢直尺，其分度值应为1mm。

1.1.2 在载荷试验中，加载在吊装带的承载力应保证试验样品每1000mm长度的最大拉伸速度为110mm/min。

1.1.3 吊装带部件样品在试验前不应预加载荷，除非同种类型的所有吊装带具有相同的预加载荷，且预加载荷不应大于极限工作载荷的2倍。

警告：进行拉力试验时，大量能量存贮在吊装带中，如果试验样品断裂，这些能量会立即释放出来，因此要特别注意保护危险区域中的人员安全。

1.2 检测吊装带的极限工作载荷

吊装带样品应装在试验机的系索销或系索桩之间，应保证吊装带平直、没有弯曲；这样承载芯就会在系索销或系索桩之间均匀分布，封套在接触区域没有折叠。封套的接缝应远离系索销或系索桩。系索销或系索桩的最大接触直径按照表1.1选取。允许使用具有较小接触直径的系索桩，当使用小直径的系索桩时，应确保所有对比试验或重复试验中所使用的系索桩直径与首次试验相同。试件所能承受的载荷应不小于吊装带极限工作载荷的6倍。

系索桩或系索销的最大接触半径 **表1.1**

吊装带极限工作载荷 WLL（t）	系索桩或系索销的最大接触半径 r（mm）
WLL≤3	25
3<WLL≤5	40
5<WLL≤10	50
10<WLL≤20	75
20<WLL≤40	120
40<WLL≤60	150
60<WLL≤80	175
80<WLL≤100	200

1.3 验收准则

1.3.1 如果吊装带样品能够承受6倍极限工作载荷，封套能承受不小于2倍极限工作载荷而不破断，则判定样品通过试验。不需要进行更大载荷试验。

模 拟 练 习

一、判断题

1. 井架式物料提升机是以地面卷扬机为动力，由两根立柱与天梁构成门架式架体、吊篮（吊盘）在两立柱间沿轨道作垂直运动的提升机。

【答案】错误

【解析】井架式物料提升机：以地面卷扬机为动力，由型钢组成井字架体，吊盘（吊篮）在井孔内或架体外侧沿轨道作垂直运动的提升机。

2. 低架物料提升机是指架设高度在 30m（含 30m）以下的物料提升机。

【答案】正确

【解析】架设高度在 30m（含 30m）以下的物料提升机为低架物料提升机。

3. 外置式井架物料提升机的吊笼对架体本身产生的外力荷载均匀，且井架内有较大的升降空间，所以具有较理想的刚度和稳定性。

【答案】错误

【解析】内置式井架物料提升机架体内部吊笼对架体本身产生的外力荷载均匀，且井架内有较大的升降空间，所以具有较理想的刚度和稳定性。外置式井架物料提升机的吊笼运行中对架体有较大偏心载荷。

4. 吊笼内净高度不应小于 1.8m，吊笼门及两侧立面应全高度封闭；底部挡脚板高度不应小于 150mm。

【答案】错误

【解析】吊笼内净高度不应小于 2m，吊笼门及两侧立面应全高度封闭；底部挡脚板高度不应小于 180mm，且宜采用厚度不小于 1.5mm 的冷轧钢板。

5. 使用物料提升机时，应在每层设置停层平台并在楼通道口设置仅向停层平台内侧开启且常闭状态的安全门或栏杆。

【答案】正确

【解析】为避免施工作业人员进入运料通道时不慎坠落，宜在每层设置停层平台并在楼通道口设置仅向停层平台内侧开启且呈常闭状态的安全门或栏杆，只有在吊笼运行到位时才能打开。

6. 当物料提升机吊笼处于最低位置时，卷扬机卷筒上的钢丝绳不应少于 3 圈。

【答案】正确

【解析】钢丝绳在卷筒上应整齐排列，端部应与卷筒压紧装置连接牢固。当吊笼处于最低位置时，卷筒上的钢丝绳不应少于3圈。

7. 物料提升机金属结构及所有电气设备的金属外壳应可靠接地，接地电阻应不大于20Ω。

【答案】错误

【解析】物料提升机应设置避雷装置，金属结构及所有电气设备的金属外壳应可靠接地，接地电阻应不大于10Ω。

8. 物料提升机吊笼装载额定起重量，悬挂或运行中发生断绳时，断绳保护装置必须可靠地把吊笼刹制在导轨上，最大制动滑落距离应不大于400mm。

【答案】错误

【解析】吊笼装载额定起重量，悬挂或运行中发生断绳时，该装置必须可靠地把吊笼刹制在导轨上，最大制动滑落距离应不大于200mm，并且不应对结构件造成永久性损坏。

9. 物料提升机应在清理、夯实、整平基础土层的基础上，对其承载力进行测试并确保该场地的承载力不小于80kPa。

【答案】正确

【解析】物料提升机基础的埋深与制造，应符合设计和使用说明书的规定，土层压实后的承载力，应不小于80kPa。

10. 物料提升机基础混凝土强度等级不应小于C20，厚度不应小于200mm。

【答案】错误

【解析】物料提升机基础的埋深与制造，应符合设计和使用说明书的规定，基础混凝土强度等级不应小于C20，厚度不应小于300mm。

11. 物料提升机为保证整体稳定采用缆风绳时，高度在20m以下可设一组（不少于2根）。

【答案】错误

【解析】物料提升机架体在确保本身强度的条件下，为保证整体稳定采用缆风绳时，高度在20m以下可设一组（不少于4根），高度在30m以下不少于两组（不少于8根）。

12. 物料提升机安装作业前，应根据现场工作条件及设备情况编制专项安装、拆除方案。

【答案】正确

【解析】物料提升机安装作业前，应根据现场工作条件及设备情况编制专项安装、拆除方案，且经安装、拆除单位技术负责人审批后实施。

13. 物料提升机高空作业时，门架下和立柱周围1m内禁止站人，以防物体跌落伤人。

【答案】错误

【解析】高空作业时门架下和立柱周围 2m 内禁止站人，以防物体跌落伤人。

14. 物料提升机正常工作状态下使用超过 2 年时应进行使用过程安全检验。

【答案】错误

【解析】物料提升机使用过程检验内容应包括结构检查、额定荷载试验和安全装置性能试验，正常工作状态下使用超过 1 年时，应进行使用过程安全检验。

15. 地面风速不大于 20m/s 时，可以对物料提升机进行实验测试。

【答案】错误

【解析】物料提升机使用前应对机器本身和场地环境进行全面检查，试验时，地面风速不得大于 13m/s。

16. 对物料提升机进行空载试验时，物料提升机应进行三个或三个以上的全行程工作循环试验。

【答案】正确

【解析】在空载情况下物料提升机应进行三个或三个以上的全行程工作循环试验，每一工作循环以工作速度进行上升、下降、变速、制动等动作，每一工作循环的升、降过程中应进行不少于两次的制动，其中在半行程以上应至少进行一次吊笼上升中的制动试验。

17. 物料提升机超载试验时，吊笼内均匀布置 150％额定载重量，工作行程为全行程，工作循环不得少于三个，每一个工作循环的升、降过程中至少应进行一次制动及吊笼停靠。

【答案】错误

【解析】物料提升机进行超载试验时，吊笼内应均匀布置 125％额定载重量，工作行程为全行程，工作循环不得少于三个，每一个工作循环的升、降过程中至少应进行一次制动及吊笼停靠。

18. 物料提升机使用时，总电源合闸即跳，导致此故障原因可能是电路内部损伤，短路或相线接地。

【答案】正确

【解析】物料提升机在使用时，总电源合闸即跳，导致此故障原因可能是电路内部损伤，短路或相线接地，应及时检查线路。

19. 对物料提升机进行电机检查时，切断主电源后可立即进行检查。

【答案】错误

【解析】设备操作人员在进行电机检查时，必须切断主电源 10min 后才能检修。

20. 物料提升机地面进料口应设置防护围栏，围栏高度不应小于 1.8m。

【答案】正确

【解析】物料提升机地面进料口应设置防护围栏，围栏高度不应小于 1.8m，围栏立面可采用网板结构。

21. 速度测量时，吊笼内应均匀布置额定载重量，测量吊笼提升速度，次数不少于三次，计算其最大值。

【答案】错误

【解析】速度测量时，吊笼内应均匀布置额定载重量，测量吊笼提升速度，次数不少于三次，计算其平均值。

22. 钢丝绳通常由多根钢丝捻成绳股，再由多股绳股围绕绳芯捻制而成。

【答案】正确

【解析】钢丝绳的构造通常由多根钢丝捻成绳股，再由多股绳股围绕绳芯捻制而成绳。具有强度高、自重轻、弹性大、挠性好等特点，能承受振动荷载的冲击，也能在高速下平稳运动且噪声小。

23. 金属钢丝绳比较柔软，易弯曲，纤维芯可浸油作润滑、防锈，减少钢丝间的摩擦。

【答案】错误

【解析】金属芯的钢丝绳耐高温、耐重压，硬度大、不易弯曲。

24. 吊钩开口度比原尺寸增加不超过 20%时，可以继续使用。

【答案】错误

【解析】吊钩禁止补焊，开口度比原尺寸增加 15%时，应予以报废。

25. 卸扣使用时不得受超过规定的荷载，应使销轴与扣顶受力，应该横向受力。

【答案】错误

【解析】卸扣使用时不得受超过规定的荷载，应使销轴与扣顶受力，不能横向受力。横向使用会造成扣体变形。

26. 滑车按滑轮的多少，可分为单门（一个滑轮）、双门（两个滑轮）和多门等几种。

【答案】正确

【解析】参见本书 1.4.1。

27. 定滑车在使用中是固定的，可以改变用力的方向，但不能省力；动滑车在使用中是随着重物移动而移动的，它能省力，但不能改变力的方向。

【答案】正确

【解析】参见本书 1.4.1。

28. 安装吊杆钢丝绳直径不应小于 4mm，安全系数不应小于 8。

【答案】错误

【解析】安装吊杆钢丝绳直径不应小于 6mm，安全系数不应小于 8。

29. 滑车组是由一定数量的定滑车和动滑车及绕过它们的绳索组成的简单起重工具。它能省力也能改变力的方向。

【答案】正确

【解析】参见本书 1.4.2。

30. 滑车组绳索穿好后，可直接加力，绳索收紧后应检查各部分是否良好，有无卡绳现象。

【答案】错误

【解析】滑车组绳索穿好后，要慢慢地加力，绳索收紧后应检查各部分是否良好，有无卡绳现象。

31. 滑车的吊钩（链环）中心，应与吊物的重心在一条垂线上，以免吊物起吊后不平稳。

【答案】正确

【解析】参见本书 1.4.3。

32. 进行吊装带试验时，最小破断力应为 6 倍极限工作荷载，而封套的最小破断力不低于 2 倍极限工作荷载。

【答案】正确

【解析】参见本书 1.5.2。

33. 起重吊装使用的起重机类型主要为塔式和流动式两种。其中，塔式起重机主要有有汽车式、轮胎式和履带式。

【答案】错误

【解析】起重吊装使用的起重机类型主要为塔式和流动式两种。其中，塔式起重机主要有固定式和轨道行走式；流动式起重机主要有汽车式、轮胎式和履带式。

34. 一般额定起重量 15t 以下的为小吨位汽车起重机，额定起重量 16～25t 的为中吨位汽车起重机。

【答案】正确

【解析】参见本书 1.6.1。按额定起重量分，一般额定起重量 15t 以下的为小吨位汽车起重机，额定起重量 16～25t 的为中吨位汽车起重机，额定起重量 26t 以上的为大吨位汽车起重机。

35. 导轨可采用槽钢、角钢或钢管。标准节连接式的架体，其架体的垂直主弦杆常兼作导轨。

【答案】正确

【解析】参见本书 2.3.2。

36. 断绳保护装置常见的形式有弹闸式防坠装置、夹钳式断绳保护装置、拨杆楔形断绳保护装置、旋撑制动保护装置、惯性楔块断绳保护装置。

【答案】正确

【解析】参见本书 2.3.7。

37. 高架提升机的基础应进行设计，计算时只需考虑架体自重、载物和附属配件的质量。

【答案】错误

【解析】高架提升机的基础应进行设计，计算时应考虑架体自重、载物和附属配件的质量，还必须注意到附加装置和施工产生的附加荷载。

38. 物料提升机自由段高度不宜大于 8m，附墙架间距不宜大于 8m。

【答案】错误

【解析】《龙门架与井架物料提升机安全技术规范》JGJ 88—2010 中 4.1.10 规定，物料提升机自由段高度不宜大于 6m，附墙架间距不宜大于 6m。

39. 电动机在运行中温升过高或齿轮箱有不正常声响时，必须立即停机检修。

【答案】正确

【解析】参见本书 6.2.2。

40. 安装人员按照要求将物料提升机安装完毕后即可投入使用。

【答案】错误

【解析】物料提升机安装完毕后，要及时组织现场技术人员、生产人员及上机操作人员一起进行联合验收。

二、单选题

1. 低架物料提升机是指架设高度在(　　)m 以下的物料提升机。

A. 30　　B. 40　　C. 50　　D. 60

【答案】A

【解析】按架设高度的不同，物料提升机可分为高架物料提升机和低架物料提升机，架设高度在 30m（含 30m）以下的物料提升机为低架物料提升机。

2. 吊笼内净高度不应小于(　　)m 且吊笼门及两侧立面应全高度封闭。

A. 1　　B. 1.5　　C. 2　　D. 2.5

【答案】C

【解析】吊笼结构应符合下列规定，吊笼内净高度不应小于 2m，吊笼门及两侧立面应全高度封闭；底部挡脚板高度不应小于 180mm，且宜采用厚度不小于 1.5mm 的冷轧钢板。

3. 物料提升机的基础应进行设计计算，土层压实后的承载力，应不小于(　　)kPa。

A. 70　　B. 80　　C. 90　　D. 100

【答案】B

【解析】物料提升机的基础应进行设计计算，基础应能可靠地承受最不利工作条件下的全部荷载。土层压实后的承载力，应不小于 80kPa。

4. 卷扬机卷筒的轴线应与导轨架底部导向轮的中线垂直，其垂直距离不宜小于(　　)倍卷筒宽度。

A. 5　　B. 10　　C. 15　　D. 20

【答案】D

【解析】卷扬机卷筒的轴线应与导轨架底部导向轮的中线垂直，垂直度偏差不宜大于 2°，其垂直距离不宜小于 20 倍卷筒宽度。

5. 附墙架附墙后立柱顶部的自由高度不得大于(　　)m。

A. 6　　B. 7　　C. 8　　D. 9

【答案】A

【解析】附墙架的设置应符合设计要求，且在建筑物的顶层应设置 1 组，附墙后立柱顶部的自由高度不得大于 6m。

6. (　　)应为非自动复位型的开关。

A. 上行程限位开关　　B. 下行程限位开关

C. 减速开关　　D. 极限开关

【答案】D

【解析】极限开关为非自动复位型的，其动作后必须手动复位才能使吊笼可重新启动。

7. 断绳保护装置制动性能应高于标准要求，滑落距离小于标准规定的(　　)mm，不损伤轨道，安全可靠。

A. 200　　B. 250　　C. 300　　D. 350

【答案】A

【解析】物料提升机吊笼装载额定起重量，悬挂或运行中发生断绳时，断绳保护装置必须可靠地把吊笼刹制在导轨上，最大制动滑落距离应不大于 200mm。

8. 物料提升机吊笼内载荷达到额定起重量的(　　)时，起重量限制器应发出报警信号。

A. 80%　　B. 90%　　C. 100%　　D. 110%

【答案】B

【解析】当物料提升机吊笼内载荷达到额定起重量的 90%时，起重量限制器应发出报警信号。

9. 当吊笼上升达到上限位高度上限位限位器切断电源时，吊笼的越程应不小于(　　)m。

A. 3　　B. 3.5　　C. 4　　D. 4.5

【答案】A

【解析】当吊笼上升达到上限位高度时，上限位限位器应动作，切断吊笼上升电源。此时，吊笼的越程应不小于 3.0m。

10. 停层平台门的高度应不小于(　　)m。

A. 1.2　　B. 1.8　　C. 2.5　　D. 3.5

【答案】B

【解析】平台门的高度不宜小于 1.8m，宽度与吊笼门宽度差不应大于 200mm。

11. 安装高度超过 30m 时，物料提升机吊笼停层后吊笼底板与停层平台的垂直高度偏差不应超过(　　)mm。

A. 30　　B. 40　　C. 50　　D. 60

【答案】C

【解析】当装高度超过 30m 时，物料提升机吊笼应具有自动停层功能，物料提升机吊笼停层后吊笼底板与停层平台的垂直高度偏差不应超过 50mm。

12. 为使物料提升机在多班作业或多人轮班操作时，能相互了解情况、交待问题，分清责任，防止机械损坏和附件丢失，保证施工生产的连续进行，必须建立(　　)作为岗位责任制的组成部分。

A. 持证上岗制度　　B. 交接班制度

C. 岗位责任制度　　D. 监护制度

【答案】B

【解析】为使物料提升机在多班作业或多人轮班操作时，能相互了解情况、交待问题，分清责任，防止机械损坏和附件丢失，保证施工生产的连续进行，必须建立交接班制度，作为岗位责任制的组成部分。

13. 物料提升机缆风绳直径不应小于(　　)mm，安全系数不应小于 3.5。

A. 5　　B. 6　　C. 7　　D. 8

【答案】D

【解析】物料提升机缆风绳应根据受力情况经计算确定其材料规格，缆风绳直径不应小于 8mm，安全系数不应小于 3.5。

14. 下列选项不属于每季度检查内容的是(　　)。

A. 全面对提升机已经日检和周检的部位再大检一次

B. 检查各个滚轮、滑轮及导向轮的轴承，根据情况进行调整或者更换

C. 检查电机的接地电阻不应大于 4Ω，电气设备金属外壳、金属结构的接地电阻不应大于 10Ω

D. 按规范要求进行坠落试验，检查安全器的可靠性

【答案】A

【解析】全面对提升机已经日检和周检的部位再大检一次属于每月检查内容。

15. 不需要每月都进行润滑的装置是(　　)。

A. 滚轮　　B. 限速器小齿轮　　C. 导轨架立管　　D. 减速机

【答案】D

【解析】物料提升机减速机须每半年润滑一次。

16. 物料提升机导轨架的长细比不应大于(　　)。

A. 150　　B. 160　　C. 170　　D. 180

【答案】A

【解析】物料提升机承重构件应满足强度要求，且物料提升机导轨架的长细比不应大于150，井架结构的长细比不应大于180。

17. 标准节采用螺栓连接，螺栓性能等级应达到(　　)级。

A. 5.6　　B. 5.8　　C. 6.8　　D. 8.8

【答案】D

【解析】当标准节采用螺栓连接时，螺栓直径不应小于M12，性能等级应达到现行国家标准《六角头螺栓》GB/T 5782—2016标准中的8.8级。

18. 物料提升机的使用必须贯彻“管、用、养结合”和(　　)的原则。

A. 人机固定　　B. 人员固定　　C. 机械固定　　D. 岗位固定

【答案】A

【解析】物料提升机的使用必须贯彻“管、用、养结合”和“人机固定”的原则，实行定人、定机、定岗位的“三定”岗位责任制，也就是每台物料提升机有专人操作、维护与保管。

19. 物料提升机的检验不包括(　　)。

A. 出厂检验　　B. 型式检验

C. 使用过程检验　　D. 验收检验

【答案】D

【解析】物料提升机的检验应包括出厂检验、型式检验和使用过程检验。

20. 物料提升机任意部位与建筑物或其他施工设备间的安全距离不应小于(　　)m。

A. 0.3　　B. 0.4　　C. 0.5　　D. 0.6

【答案】D

【解析】物料提升机任意部位与建筑物或其他施工设备间的安全距离不应小于0.6m。

21. 钢丝绳末端穿过锥形套筒后松散钢丝，将头部钢丝弯成小钩，浇入金属液冷却凝固而成。这种绳端固定与连接属于(　　)方法。

A. 铝合金套压缩法　　　　B. 楔块、楔套连接
C. 锥形套浇铸法　　　　D. 绳卡连接

【答案】A

【解析】参见本书 1.1.3。

22. 关于钢丝绳的使用要求，说法错误的是（　　）。

A. 钢丝绳在卷筒上，应按顺序整齐排列

B. 荷载由多根钢丝绳支承时，应设有各根钢丝绳受力的均衡装置

C. 固定钢丝绳时，必须保证接头连接处强度不小于钢丝绳破断拉力的 60%

D. 当吊笼处于工作位置最低点时，钢丝绳在卷筒上的缠绕，除固定绳尾的圈数外，剩余安全圈数必须大于 3 圈

【答案】C

【解析】用于主卷扬的牵引钢丝绳，不得使用以编结接长的钢丝绳。使用其他方法固定钢丝绳时，必须保证接头连接处强度不小于钢丝绳破断拉力的 85%。

23. 吊钩属于物料提升机上的重要取物装置之一。下列说法错误的是（　　）。

A. 片式吊钩比锻造吊钩安全

B. 吊钩应做成内侧薄、外侧厚

C. 吊钩应有出厂合格证明，在低应力区应有额定起重量标记

D. 吊钩必须装有可靠防脱棘爪（吊钩保险），防止工作时索具脱钩

【答案】B

【解析】参见本书 1.2.2。

24. 卸扣使用时，关于注意事项说法错误的是（　　）。

A. 可以使用锻造和补焊的卸扣

B. 使用时应使销轴与扣顶受力，不能横向受力

C. 吊装时使用卸扣绑扎，在吊物起吊时应使扣顶在上销轴在下

D. 不得从高处往下抛掷卸扣

【答案】A

【解析】卸扣必须是锻造的，一般是用 20 号钢锻造后经过热处理而制成的，以便消除残余应力和增加其韧性，不能使用铸造和补焊的卸扣。

25. 关于吊装带安全要求，说法错误的是（　　）。

A. 吊装带断裂强度不低于 60cN/tex（厘牛/特克斯）

B. 承载芯应由一束或多束母材相同的丝束缠绕而成，且丝束的最小缠绕圈数为 11 圈

C. 封套应由与母材相同的纤维丝编织而成

D. 吊装带的最小破断力应为 4 倍极限工作荷载，而封套的最小破断力不低于 2 倍

极限工作荷载

【答案】D

【解析】对吊装带进行试验时，吊装带的最小破断力应为6倍极限工作荷载，而封套的最小破断力不低于2倍极限工作荷载。

26. 下列属于汽车起重机优点的有（　　）。

A. 机动性好，转移迅速

B. 工作时须支腿

C. 不能负荷行驶

D. 不适合在松软或泥泞的场地上工作

【答案】A

【解析】见1.6.1中汽车起重机。

27.（　　）具有操纵灵活，本身能回转360°，在平坦坚实的地面上能负荷行驶，可在松软、泥泞的场地作业。

A. 履带起重机　　B. 汽车起重机

C. 塔式起重机　　D. 轮胎式起重机

【答案】A

【解析】履带起重机操纵灵活，本身能回转360°，在平坦坚实的地面上能负荷行驶。由于履带的作用，接触地面面积大，通过性好，可在松软、泥泞的场地作业，可进行挖土、夯土、打桩等多种作业，适用于建筑工地的吊装作业。

28. 履带起重机作业时，起重臂的最大仰角不得超过出厂规定。当无资料可查时，不得超过（　　）。

A. 88°　　B. 78°　　C. 68°　　D. 58°

【答案】B

【解析】见1.6.1履带起重机。作业时，起重臂的最大仰角不得超过出厂规定。当无资料可查时，不得超过78°。

29. 采用双机抬吊作业时，起吊重量不得超过两台起重机在该工况下允许起重量总和（　　）单机载荷不得超过允许起重量的（　　）。

A. 60%，75%　　B. 60%，80%　　C. 75%，60%　　D. 75%，80%

【答案】D

【解析】采用双机抬吊作业时，应选用起重性能相似的起重机进行。抬吊时应统一指挥，动作应配合协调；载荷应分配合理，起吊重量不得超过两台起重机在该工况下允许起重量总和的75%，单机载荷不得超过允许起重量的80%。

30. 物料提升机额定荷载试验时，将吊笼上升6～8m制停，进行模拟断绳试验，测量保护装置制动过程中的（　　）。

A. 滑落距离　　　　B. 离地面距离

C. 制动距离　　　　D. 行程距离

【答案】A

【解析】见 4.1.2 物料提升机的试验。

31. 下列选项属于每月检查内容的是(　　)。

A. 检查钢丝绳防断绳保护装置是否有效（避免因发生断绳而致吊笼坠落）

B. 检查物料提升机连墙件与结构固定是否牢固

C. 检查标准节螺栓是否有松动现象

D. 检查吊笼是否有松动或变形

【答案】D

【解析】见 4.2.3 周期性检查。检查吊笼是否有松动或变形属于每周检查内容。

32. 钢丝绳绕入卷筒的方向应与卷筒轴线垂直，其垂直度允许偏差为（　　），这样能使钢丝绳圈排列整齐，不致斜绕和互相错叠挤压。

A. 2°　　B. 6°　　C. 10°　　D. 12°

【答案】A

【解析】卷扬机卷筒的轴线应与导轨架底部导向轮的中线垂直，垂直度偏差不宜大于 2°，其垂直距离不宜小于 20 倍卷筒宽度；当不能满足时，应设排绳器。

33. 对钢丝绳连接或固定时，编结长度不应小于钢丝绳直径的（　　）倍，且不应小于 300mm；连接强度不小于钢丝绳破断拉力的 75%。

A. 5　　B. 10　　C. 15　　D. 20

【答案】C

【解析】见 1.1.3 钢丝绳的绳端固定与连接。

34. 当立管壁厚减少量为出厂厚度的（　　）时，标准节应予报废或按立管壁厚规格降级使用。

A. 5%　　B. 10%　　C. 25%　　D. 50%

【答案】C

【解析】见 2.3.2 导轨和标准节要求。

35. 当吊笼上升到物料提升机上部碰到上限位后，吊笼停止运行时，吊笼的顶部与天轮架的下端应有(　　)m 的安全距离。

A. 1　　B. 1.4　　C. 1.6　　D. 1.8

【答案】D

【解析】当吊笼上升到施工升降机上部碰到上限位后，吊笼停止运行时，吊笼的顶部与天轮架的下端应有 1.8m 的安全距离。

36. 高强度螺栓、螺母使用后拆卸再次使用，一般不得超过(　　)次。

A. 1　　B. 2　　C. 3　　D. 4

【答案】B

【解析】高强度螺栓、螺母使用后拆卸再次使用，一般不得超过 2 次。拆下将再次使用的高强度螺栓的螺杆、螺母必须无任何损伤、变形、滑牙、缺牙、锈蚀及螺栓粗糙度变化较大等现象，否则禁止用于受力构件的连接。

37. 定位销一般不受载荷或受很小载荷，其直径按结构确定，数量不得少于(　　)。

A. 1　　B. 2　　C. 3　　D. 4

【答案】B

【解析】定位销一般不受载荷或受很小载荷，其直径按结构确定，数目不得少于 2 个；安全销直径按销的剪切强度进行计算。

38. 在施工现场安装的物料提升机应逐台检查。使用过程检验判定产品合格的标准是(　　)

A. A 类项目均合格，B 类项目不合格项不超过 4 项，C 类项目不合格项不超过 5 项

B. A 类项目均合格，B 类项目不合格项不超过 4 项，C 类项目不合格项不超过 8 项

C. A 类项目均合格，B 类项目不合格项不超过 2 项，C 类项目不合格项不超过 8 项

D. A 类项目均合格，B 类项目不合格项不超过 2 项，C 类项目不合格项不超过 5 项

【答案】D

【解析】在下列情况下判定产品合格，否则判定产品不合格：A 类项目均合格，B 类项目不合格项不超过 2 项，C 类项目不合格项不超过 5 项。

39. 钢丝绳夹主要用于钢丝绳的连接和钢丝绳穿绕滑车组时绳端的固定，以及桅杆上缆风绳绳头的固定等，当钢丝绳直径在 18～26mm 时，应设置(　　)个绳夹。

A. 3　　B. 4　　C. 5　　D. 6

【答案】B

【解析】见表 1-5 钢丝绳夹的数量。

40. 以下关于工作过程紧急情况处理方法不正确的是(　　)。

A. 卷筒上出现乱绳后，如果需要重新缠绕时，只能由两人配合缠绕钢丝绳，一人操作另一人在 5m 外用手引导缠绳

B. 发现防护设备（装置）脱落后，应立即停机检修

C. 物料提升机运行中钢丝绳突然被卡住，司机应及时按下紧急断电开关，使卷扬

机停止运行，并及时进行检修

D. 工作过程中制动器失灵时，在条件允许的情况下，可间断起升、降落，缓慢平稳地将重物（吊笼）停放到安全地方

【答案】C

【解析】吊笼在运行中钢丝绳突然被卡住时，司机应及时按下紧急断电开关，使卷扬机停止运行，向周围人员发出示警。将各控制开关扳回到零位，关闭控制箱内电源开关，并启动安全停靠装置，禁止擅自处理或冒险继续操作运行。

三、多选题

1. 标准节的截面形装包括(　　)。

A. 方形　　B. 圆形

C. 三角形　　D. 椭圆形

【答案】AC

【解析】标准节的截面形装一般有方形、三角形等，常用的是方形。

2. 导轨按滑道的数量和位置可分为(　　)。

A. 单滑道　　B. 双滑道

C. 三滑道　　D. 四角滑道

【答案】ABD

【解析】导轨按滑道的数量和位置，可分为单滑道、双滑道和四角滑道。

3. 电路一般由(　　)和控制器件等四部分组成。

A. 电源　　B. 负载　　C. 电阻　　D. 导线

【答案】ABD

【解析】电路一般由电源、负载、导线和控制器件等四部分组成。

4. 起吊时必须先将重物吊离地面 0.5m 左右停住，确定(　　)无问题后，方可按照指挥信号操作。

A. 制动　　B. 物料捆扎

C. 吊点　　D. 吊具

【答案】ABCD

【解析】吊运重物时，不得猛起猛落，以防吊运过程中发生散落、松绑、偏斜等情况；起吊时必须先将重物吊离地面 0.5m 左右停住，确定制动、物料捆扎、吊点和吊具无问题后，方可按照指挥信号操作。

5. 关于滑车及滑车组使用注意事项中，说法正确的有(　　)。

A. 使用前应查明标识的允许荷载，检查滑轮转动是否灵活

B. 滑车组绳索穿好后，要慢慢地加力，绳索收紧后应检查各部分状况是否良好，有无卡绳现象

C. 滑车的吊钩（链环）中心，应与吊物的重心在一条垂线上，以免吊物起吊后不平稳

D. 滑车组上下滑车之间的最小距离应根据具体情况而定，一般为300～500mm

【答案】ABC

【解析】滑车组上下滑车之间的最小距离应根据具体情况而定，一般为700～1200mm。

6. 施工现场常用的为自升小车变幅式塔式起重机主要技术性能参数包括(　　)。

A. 外形尺寸　　B. 起重量

C. 幅度　　D. 最大高度

【答案】BCD

【解析】施工现场常用的为自升小车变幅式塔式起重机，其主要技术性能参数包括起重力矩、起重量、幅度、自由高度（独立高度）和最大高度等，其他参数包括工作速度、结构重量、外形尺寸和尾部（平衡臂）尺寸等。

7. 塔式起重机由(　　)等部分组成。

A. 金属结构　　B. 工作机构　　C. 电气系统　　D. 安全装置

【答案】ABCD

【解析】塔式起重机由金属结构、工作机构、电气系统和安全装置等组成。

8. 物料提升机的电气安全开关大致可分为(　　)两大类。

A. 极限开关　　B. 行程安全控制开关

C. 安全装置联锁控制开关　　D. 急停开关

【答案】BC

【解析】物料提升机的电气安全开关由行程安全控制开关和安全装置联锁控制开关两大类组成。

9. 下列属于物料提升机的安全装置的是(　　)。

A. 起重量限制器　　B. 断绳保护装置

C. 上下限位装置　　D. 紧急断电开关

【答案】ABCD

【解析】物料提升机的安全装置一般有起重量限制器、断绳保护装置、安全停靠装置、上下限位装置、紧急断电开关、缓冲器、通信装置等。

10. 关于吊装带的安全要求，说法正确的是(　　)。

A. 所有试验及检验应由检验完成

B. 应对每件吊装带或组合多肢吊装带成品进行目测检查

C. 应对每件吊装带或组合多肢吊装带成品进行手工检查

D. 制造商应保留一份有关所有试验和检验结果的记录

【答案】ABCD

【解析】见 1.5.3 吊装带安全要求的检验。

11. 下列关于缆风绳的说法正确的是(　　)。

A. 为保证整体稳定采用缆风绳时，高度在 20m 以下可设一组（不少于 4 根），高度在 30m 以下不少于两组（不少于 8 根）

B. 缆风绳直径不应小于 8mm，安全系数不应小于 3.5

C. 缆风绳应与地面成 30°～45°夹角，与地锚拴牢，不得拴在树木、电杆、堆放的构件上

D. 按照缆风绳的受力工况，必须采用钢丝绳时，不允许采用钢筋、多股铅丝等其他材料替代

【答案】ABD

【解析】缆风绳应与地面成 45°～60°夹角，与地锚拴牢，不得拴在树木、电杆、堆放的构件上。

12. 关于物料提升机的结构类型，下列说法正确的是(　　)。

A. 井架式物料提升机是以地面卷扬机为动力，由两根立柱与天梁构成门架式架体，吊篮（吊盘）在两立柱间沿轨道作垂直运动的提升机

B. 架设高度在 30m（含 30m）以下的物料提升机为低架物料提升机

C. 双笼型龙门架物料提升机是由三根立柱和两根横梁组成，两个吊笼分别在两立柱间的空间内上下运行

D. 外置式井架物料提升机的吊笼由于位于架体外部的两侧，所以进出料较方便，使用效率较内置式高

【答案】BCD

【解析】井架式物料提升机是以地面卷扬机为动力，由型钢组成井字架体，吊盘（吊篮）在井孔内或架体外侧沿轨道作垂直运动的提升机。

13. 以下关于吊笼的说法，正确的有(　　)。

A. 吊笼内净高度不应小于 2m，吊笼门及两侧立面应全高度封闭

B. 吊笼底板应有防滑、排水功能；其强度在承受 125%额定荷载时，不应产生永久变形

C. 吊笼门应设有电气安全开关，当门未完全关闭时，该开关应能有效切断控制回路电源，使吊笼停止或无法启动

D. 吊笼门及两侧立面宜采用网板结构，孔径应小于 35mm

【答案】ABC

【解析】吊笼门及两侧立面宜采用网板结构，孔径应小于 25mm。

14. 物料提升机的型式检验内容应包括(　　)。

A. 结构应力试验　　B. 荷载试验

C. 安全装置可靠性试验　　D. 坠落试验

【答案】ABCD

【解析】物料提升机的检验应包括出厂检验、型式检验和使用过程检验。物料提升机的型式检验内容应包括结构应力试验、安全装置可靠性试验、荷载试验及坠落试验。

15. 卸扣出现(　　)时，应予以报废。

A. 本体变形达原尺寸的5%　　B. 磨损达原尺寸的10%

C. 出现裂纹　　D. 卸扣不能闭锁

【答案】BCD

【解析】见1.3.3卸扣报废的标准。卸扣本体变形达原尺寸的10%时，应予以报废

16. 关于使用滑车及滑车组的说法，正确的有(　　)。

A. 使用前应检查滑车的轮槽、轮轴、夹板、吊钩（链环）等有无裂缝和损伤

B. 滑车组绳索穿好后，要慢慢地加力，绳索收紧后应检查各部分是否良好，有无卡绳现象

C. 滑车在使用前、后都要刷洗干净，轮轴要加油润滑，防止磨损和锈蚀

D. 为了提高钢丝绳的使用寿命，滑轮直径不得小于钢丝绳直径的12倍

【答案】ABC

【解析】见1.4.3滑车及滑车组使用注意事项。为了提高钢丝绳的使用寿命，滑轮直径不得小于钢丝绳直径的16倍。

17. 以下关于物料提升机的试验条件要求，说法正确的有(　　)。

A. 物料提升机电压波动宜为±5%以内

B. 环境温度宜为-20～40℃

C. 地面风速不得大于13m/s

D. 荷载与标准值的差宜为±5%以内

【答案】ABC

【解析】对物料提升机进行试验时，荷载与标准值的差宜为±3%以内。

18. 物料提升机的连接螺栓表面不得有(　　)等缺陷。

A. 锈斑　　B. 碰撞凹坑

C. 裂纹　　D. 油污

【答案】ABC

【解析】物料提升机连接螺栓为不低于8.8级的高强度螺栓，其紧固件的表面不得有锈斑、碰撞凹坑和裂纹等缺陷。

19. 物料提升机发生故障或维修保养时必须(　　)。

A. 停机，切断电源后方可进行

B. 维修保养时应切断电源，在醒目处挂“禁止合闸、正在检修”的标志

C. 现场须有人监护

D. 作业中突然停电时，应将开关至于当前位置

【答案】ABC

【解析】物料提升机发生故障或维修保养时必须停机，切断电源后方可进行；维修保养时应切断电源，在醒目处挂“禁止合闸、正在检修”的标志，现场须有人监护。

20. 卷扬机运行中发现(　　)时，必须立即停机检修。

A. 发现电气设备漏电

B. 启动器、接触器的触电导致火弧或烧毁

C. 电动机在运行中温升过高或齿轮箱有不正常声响

D. 防护设备（装置）脱落

【答案】ABCD

【解析】见 5.2.2 物料提升机紧急情况处置方法。

四、案例题

案例 1：某建筑工程楼板为预应力空心预制板，采用物料提升机垂直运输，然后由人力抬运到安装位置。事发时，该工程安装完 4 层楼板，当准备安装第 5 层楼板时，8 人在自升吊笼内抬板，此时，突然吊笼从 6 层高度坠落，造成 4 人死亡，3 人重伤，1 人轻伤的较大安全事故。

（1）单选题

以下关于物料提升机吊笼的说法，错误的是(　　)。

A. 吊笼内净高度不应小于 2m，吊笼门及两侧立面应全高度封闭

B. 吊笼门及两侧立面宜采用网板结构，孔径应小于 25mm

C. 底板宜采用厚度不小于 30mm 的木板或不小于 1.5mm 的钢板

D. 吊笼底板应有防滑、排水功能；其强度在承受 125％额定荷载时，不应产生永久变形

【答案】C

（2）多选题

为了防止发生上述事故，(　　)。

A. 应加强对物料提升机设备的管理，物料提升机的结构设计和负荷计算应严格按标准和规范执行

B. 提升机安装完毕后，必须经检测、验收，达到合格后才能投入使用和运行

C. 严禁物料提升机载人、超载，应加强对违章指导、违章作业的检查

D. 应认真组织对施工作业人员进行安全教育和安全技术交底，提高作业人员自我保护意识

【答案】ABCD

案例 2：某综合楼工程施工现场，发生一起物料提升机吊笼坠落事故，造成 3 人死亡、3 人重伤，直接经济损失 270 万元。该工程为 24 层框架结构，建筑面积 34000m^2，合同造价 4151 万元。施工人员使用物料提升机从首层地面向 10～12 层作业面用手推车运送水泥砂浆，同时吊笼内乘坐 6 名施工人员。当吊笼运行至距地面约 40m 时，牵引钢丝绳突然从压紧装置中脱落，吊笼坠落至地面。

（1）单选题

牵引钢丝绳脱落会导致严重工程事故发生。以下关于钢丝绳使用要求说法不正确的是（　　）。

A. 钢丝绳在卷筒上，应按顺序整齐排列

B. 用于主卷扬的牵引钢丝绳，不得使用以编结接长的钢丝绳

C. 起升高度较大的起重机，宜采用不旋转、无松散倾向的钢丝绳

D. 安装钢丝绳时，可以将钢丝绳缠绕在其他的物体上

【答案】D

（2）多选题

导致上述事故发生的主要原因可能有（　　）。

A. 物料提升机安装至一定高度后，牵引钢丝绳末端的压紧固定不符合规定要求

B. 吊笼在运行中正常的振动使未加防松弹簧垫圈的压紧螺栓松动，压紧力不足，导致牵引钢丝绳脱落

C. 施工人员违规操作，乘坐吊笼

D. 没有物料提升机进行定期检查，未能及时发现提升机存在的安全隐患

【答案】ABCD

案例 3：某公司承建工程面积为 10800m^2，局部 10 层。物料提升机吊笼在 6～7 层楼之间被卡住，停止下行，而卷扬机仍在工作。在 7 层楼面某作业人员不听劝阻，自行处理机械故障，在 6～7 层之间，用力推摇被卡住的吊笼，由于卷扬机没有及时停止，吊笼又被卡堵，已有相当部分钢丝绳松开，离开滚筒。当此人用力撞摆吊笼离开被卡住物后，吊笼突然下坠，造成钢丝绳被拉断，与此同时，此人也因吊笼的突然下坠和钢丝绳的拉断，而意外地被带进吊笼内，并随其下坠至地面，头颅骨与钢管脚手架猛烈碰撞造成开裂，经抢救无效死亡。

（1）单选题

1）在使用物料提升机时，下列说法不正确的是（　　）。

A. 物料提升机应有专职机构和专职人员管理

B. 组装后应进行验收，并进行空载、动载和超载试验

C. 负责装卸料人员可乘坐吊笼升降

D. 禁止攀登架体和从架体下面穿越

【答案】C

2）在使用物料提升机时，遇到紧急情况，下列做法正确的有（　　）。

A. 电动机在运行中温升过高或齿轮箱有不正常声响时，可继续操作物料提升机

B. 卷扬机卷筒上的钢丝绳应排列整齐，如果需要重新缠绕时由两人配合缠绕钢丝绳，一人操作另一人在5m外用手引导缠绳

C. 物料提升机运行中突然断电，可以用自由降落的方式下降吊笼

D. 吊笼在运行中钢丝绳突然被卡住时，司机可以自行进行检修

【答案】B

（2）多选题

为预防物料提升机运行中发生事故，应当（　　）。

A. 编制专项施工组织设计

B. 控制好设备的进场。进场的设备要与方案相符，并且各种配件齐全，完好有效

C. 加强对物料提升机安装的监控。一般情况下，物料提升机是以散件形式进入施工现场的，应重点监控物料提升机是否按方案正确组装

D. 对操作人员进行教育和培训，教育和培训的重点应放在如何正确操作和使用物料提升机以及对可能出现的突发情况正确应对和处理

【答案】ABCD

参 考 文 献

[1] 《钢丝绳术语、标记和分类》GB/T 8706—2017

[2] 《起重机钢丝绳保养、维护、检验和报废》GB/T 5972—2016

[3] 《重要用途钢丝绳》GB 8918—2006

[4] 《建筑卷扬机》GB/T 1955—2018

[5] 《龙门架及井架物料提升机安全技术规范》JGJ 88—2010

[6] 《建筑施工物料提升机安全技术规程》DB37/T 5094—2017

[7] 《山东省建筑施工物料提升机安全技术规程》DB37/T 5094—2017　J 10178—2017

[8] 王凯晖．物料提升机[M]．北京：中国建材工业出版社，2019.

[9] 张燕娜．物料提升司机安装拆卸工[M]．北京：中国建材工业出版社，2019.